"十四五"职业教育国家规划教材

职业教育
数字媒体应用人才培养系列教材

边做边学
After Effects
影视后期合成案例教程

After Effects CC 2019 | 微课版

骆霞权 刘林玉 / 主编

吴勇刚 李国强 丁祥青 / 副主编

U0390229

人民邮电出版社

北 京

图书在版编目（CIP）数据

边做边学：After Effects影视后期合成案例教程：After Effects CC 2019：微课版 / 骆霞权，刘林玉主编. -- 北京：人民邮电出版社，2022.2
职业教育数字媒体应用人才培养系列教材
ISBN 978-7-115-57641-5

Ⅰ. ①边… Ⅱ. ①骆… ②刘… Ⅲ. ①图像处理软件－职业教育－教材 Ⅳ. ①TP391.413

中国版本图书馆CIP数据核字(2021)第206807号

内 容 提 要

本书全面系统地介绍了 After Effects CC 2019 的基本操作方法和影视后期制作技巧，内容包括 After Effects CC 2019 基础操作、应用图层、制作蒙版动画、应用时间轴制作效果、创建文字、应用效果、跟踪与表达式、抠像、添加声音效果、制作三维合成效果、渲染与输出及综合设计实训等。

本书以课堂实训案例为主线，通过案例的操作，可以使学生快速熟悉案例的设计理念；通过书中软件相关功能的解析，可以使学生深入学习软件功能；通过课堂实战演练和课后综合案例，可以提高学生的实际应用能力。云盘中包含了书中所有案例的素材及效果文件，有利于教师授课，学生练习。

本书既可作为中等职业院校数字艺术类专业 After Effects 课程的教材，也可供相关人员学习参考。

◆ 主　　编　骆霞权　刘林玉
副 主 编　吴勇刚　李国强　丁祥青
责任编辑　刘　佳
责任印制　王　郁　焦志炜

◆ 人民邮电出版社出版发行　　　北京市丰台区成寿寺路 11 号
邮编　100164　电子邮件　315@ptpress.com.cn
网址　https://www.ptpress.com.cn
三河市祥达印刷包装有限公司印刷

◆ 开本：787×1092　1/16
印张：13.5　　　　　　　　　2022 年 2 月第 1 版
字数：344 千字　　　　　　　2024 年 8 月河北第 8 次印刷

定价：49.80 元

读者服务热线：(010)81055256　印装质量热线：(010)81055316
反盗版热线：(010)81055315
广告经营许可证：京东市监广登字 20170147 号

前　言　Preface

　　本书全面贯彻党的二十大精神，以社会主义核心价值观为引领，传承中华优秀传统文化，坚定文化自信，使内容更好体现时代性、把握规律性、富于创造性。

　　After Effects CC 2019 是由 Adobe 公司开发的影视后期制作软件，它功能强大、易学易用，深受广大影视制作爱好者和影视后期设计人员的喜爱，已经成为影视领域流行的软件之一。目前，我国很多中等职业院校的数字艺术类专业都将 After Effects 作为一门重要的专业课程。为了帮助中等职业院校的教师全面、系统地讲授这门课程，使学生能够熟练地使用 After Effects 进行影视后期制作，我们几位长期在中等职业院校从事 After Effects 教学的教师与专业影视制作公司经验丰富的设计师合作，共同编写了本书。

　　根据中等职业院校的教学方向和教学特色，我们对本书的编写体系做了精心的设计。主体按照"课堂实训案例—软件相关功能—课堂实战演练—课后综合演练"这一思路进行编排，力求通过课堂实训案例演练，使学生快速熟悉影视后期的设计理念和软件功能；通过软件相关功能的解析使学生深入学习软件功能；通过课堂实战演练和课后综合演练提高学生的实际应用能力。

　　在内容编写方面，力求细致、全面、重点突出；在文字叙述方面，注意言简意赅、通俗易懂；在案例选取方面，强调案例的针对性和实用性。

　　本书云盘包含了书中所有案例的素材、效果文件和微课视频。另外，为了方便教师教学，本书配备了详尽的 PPT 课件、教学大纲文件等丰富的教学资源，教师可登录人邮教育社区（www.ryjiaoyu.com）免费下载使用。本书的总学时为 58 学时，各章的学时参见下面的学时分配表。

前 言

学时分配表

章	课程内容	学时分配
第 1 章	After Effects CC 2019 基础操作	2
第 2 章	应用图层	6
第 3 章	制作蒙版动画	6
第 4 章	应用时间轴制作效果	6
第 5 章	创建文字	2
第 6 章	应用效果	10
第 7 章	跟踪与表达式	4
第 8 章	抠像	4
第 9 章	添加声音效果	2
第 10 章	制作三维合成效果	6
第 11 章	渲染与输出	2
第 12 章	综合设计实训	8
学 时 总 计		58

　　本书由骆霞权、刘林玉任主编，吴勇刚、李国强、丁祥青任副主编，参与编写的还有吴立知。由于编者水平有限，书中难免存在疏漏和不妥之处，敬请广大读者批评指正。

编　者
2023 年 6 月

目　录

Contents

目 录

目　录

目录

第7章
跟踪与表达式   134

目录

目 录

目 录

01

第 1 章
After Effects CC 2019
基础操作

本章对 After Effects CC 2019 的工作界面、软件的基础知识、文件格式、视频输出和视频参数设置做了详细讲解。通过对本章的学习，读者可以快速了解并掌握 After Effects 的入门知识，为后面的学习打下坚实的基础。

课堂学习目标

- ✔ 熟悉 After Effects CC 2019 的工作界面
- ✔ 熟悉软件相关的基础知识
- ✔ 熟悉文件格式和视频的输出

思政课堂

工欲善其事，必先利其器

1.1 工作操作的基本界面

1.1.1 【训练目标】

通过"新建合成""导入"命令和调出面板操作，熟悉菜单栏的操作方法；通过使用旋转工具、选取工具、向后平移（锚点）工具和文字工具，熟悉工具箱的使用方法。

1.1.2 【案例操作】

步骤① 打开 After Effects CC 2019，执行"合成 > 新建合成"命令，弹出"合成设置"对话框，在"合成名称"文本框中输入"童年记忆"，其他选项的设置如图 1-1 所示，单击"确定"按钮，创建一个新的合成"童年记忆"。

图1-1

步骤② 执行"文件 > 导入 > 文件"命令，弹出"导入文件"对话框，选择云盘中的"Ch01 > 童年记忆 >（Footage）> 01.png、02.jpg"文件，如图 1-2 所示，单击"导入"按钮，把图片导入"项目"面板，如图 1-3 所示。

图1-2

图1-3

步骤③ 在"项目"面板中选中"01.png"和"02.jpg"文件，将其拖曳到"时间轴"面板中，如图 1-4 所示。"合成"面板中的效果如图 1-5 所示。

图1-4

图1-5

步骤④ 选中"01.png"图层,选择"选取"工具 ,在"合成"面板中拖曳图像到适当的位置,如图1-6所示。按住Shift键的同时,向左下方拖曳右上方控制点,缩放图像,并将其拖曳到适当的位置,"合成"面板中的效果如图1-7所示。

图1-6　　　　　　　　　　　图1-7

步骤⑤ 选择"横排文字"工具 **T**,在"合成"面板的上方输入文字"童年记忆",执行"窗口 > 字符"命令,在弹出的"字符"面板中进行设置,如图1-8所示。"合成"面板中的效果如图1-9所示。

图1-8　　　　　　　　　　　图1-9

1.1.3 【相关知识】

1. 菜单栏

菜单栏几乎是所有软件都有的重要界面要素之一,它包含了软件全部功能的命令操作。After Effects CC 2019 提供了9项菜单,分别为文件、编辑、合成、图层、效果、动画、视图、窗口、帮助,如图1-10所示。

2. "项目"面板

导入After Effects CC 2019 中的所有文件及创建的所有合成文件和图层等,都可以在"项目"面板中找到。在"项目"面板中可以清楚地看到每个文件的类型、大小、媒体持续时间和文件路径等,当选中某个文件时,可以在"项目"面板的上部查看对应的缩略图和属性,如图1-11所示。

图1-10　　　　　　　　　　　图1-11

3．"工具"栏

"工具"栏中包括了经常使用的工具，有些工具按钮的右下角有三角标记，其中含有多重工具选项，例如，在"矩形"工具 ⬛ 上按住鼠标不放，即会展开新的按钮选项，拖动鼠标可进行选择。

工具栏中的工具如图 1-12 所示。包括"选取"工具 ▶、"手形"工具 ✋、"缩放"工具 🔍、"旋转"工具 ↺、"统一摄像机"工具 🎥、"向后平移（锚点）"工具 ✥、"矩形"工具 ⬛、"钢笔"工具 ✒、"横排文字"工具 T、"画笔"工具 🖌、"仿制图章"工具 🔖、"橡皮擦"工具 ◆、"Roto 笔刷"工具 🖊、"自由位置定位"工具 ⚹，"本地轴模式"工具 ⚘、"世界轴模式"工具 ⚖、"视图轴模式"工具 ⚐ 等。

图 1-12

4．"合成"面板

"合成"面板可直接显示素材组合特效处理后的合成画面。该面板不仅具有预览功能，还具有控制，操作，管理素材，缩放面板比例，调整当前时间、分辨率、图层线框、3D 视图模式和标尺等功能，是 After Effects CC 2019 中非常重要的工作面板，如图 1-13 所示。

5．"时间轴"面板

利用"时间轴"面板可以精确设置在合成中的各种素材的位置、时间、效果和属性等，不仅可以进行影片的合成，还可以进行图层的顺序调整和关键帧动画的操作，如图 1-14 所示。

图 1-13

图 1-14

1.2   影视后期相关基础知识

1.2.1 【训练目标】

通过调整视频的饱和度，熟练掌握"效果控件"面板的使用方法；通过保存和关闭文件，熟练掌握保存和关闭操作。

1.2.2 【案例操作】

步骤① 打开 After Effects CC 2019，执行"文件 > 导入 > 文件"命令，弹出"导入文件"对话框，选择云盘中的"Ch01 > 调整照片的饱和度 >（Footage）> 01.jpg"文件，单击"打开"按钮，把图片导入"项目"面板。在"项目"面板中选择"01.jpg"文件，将其拖曳到面板下方的"新建合成"按钮 上，如图 1-15 所示，自动创建一个合成。

步骤② 按 Ctrl+K 组合键，弹出"合成设置"对话框，在"合成名称"文本框中输入"鹦鹉"，其他选项的设置如图 1-16 所示，单击"确定"按钮完成设置。

图 1-15

图 1-16

步骤③ 执行"效果 > 颜色校正 > 色相/饱和度"命令，在"效果控件"面板中进行参数设置，如图 1-17 所示。"合成"面板中的效果如图 1-18 所示。

图 1-17

图 1-18

步骤④ 执行"文件 > 存储"命令，在弹出的"另存为"对话框中设置文件保存路径，在"文件名"文本框中输入名称"调整照片的饱和度"，如图 1-19 所示。单击"保存"按钮保存文件。

图 1-19

1.2.3 【相关知识】

1. 像素比

不同规格的电视像素的长宽比都是不一样的，在计算机中播放时，使用像素长宽比为 1：1 的方形像素比；在电视上播放时，使用 D1/DV PAL（1.09）的像素比，以保证在实际播放时画面不变形。

执行"合成 > 新建合成"命令，或按 Ctrl+N 组合键，在弹出的"合成设置"对话框中设置相应的像素比，如图 1-20 所示。

选择"项目"面板中的视频素材，执行"文件 > 解释素材 > 主要"命令，弹出图 1-21 所示的对话框，在这里可以设置导入素材的透明度、帧速率、场和像素比等。

图 1-20

图 1-21

2. 分辨率

普通电视和 DVD 的分辨率都是 720 像素×576 像素。软件设置时应尽量使用同一尺寸，以保证分辨率统一。

分辨率过大的图像在制作时会占用大量制作时间和计算机资源，分辨率过小的图像则会在播放时清晰度不够，故应根据实际情况选择合适的分辨率。

执行"合成 > 新建合成"命令，或按 Ctrl+N 组合键，在弹出的对话框中设置分辨率，如图 1-22 所示。

3. 帧速率

PAL 制式电视的帧速率是每秒 25 幅画面，也就是 25 帧/秒，只有使用正确的播放帧速率才能流畅地播放动画。过高的帧速率会导致资源浪费，过低的帧速率会使画面播放不流畅从而产生抖动。

图 1-22

执行"文件 > 项目设置"命令，或按 Ctrl+Alt+Shift+K 组合键，在弹出的对话框中设置帧速率，如图 1-23 所示。

图 1-23

提示

　　这里设置的是时间码的显示方式。如果要按帧制作动画可以选择"项目设置"对话框"时间显示样式"选项卡中的"帧数"选项，这样不会影响最终的动画帧速率。

　　也可执行"合成 > 新建合成"命令，在弹出的对话框中设置帧速率，如图 1-24 所示。

　　选择"项目"面板中的视频素材，执行"文件 > 解释素材 > 主要"命令，在弹出的对话框中也可以设置帧速率，如图 1-25 所示。

图 1-24

图 1-25

提示

　　如果是动画序列，需要将帧速率设置为 25 帧/秒；如果是动画文件，则不需要修改帧速率，因为动画文件会自动包括帧速率信息，并且会被 After Effects 识别，如果修改这个设置会改变原有动画的播放速度。

4. 安全框

安全框限定了用户看到的画面范围。安全框以外的部分播放时不会显示，安全框以内的部分可以保证完全显示。

单击"选择网格和参考线选项"按钮 ，在弹出的列表中选择"标题/动作安全"选项，即可打开安全框参考可视范围，如图 1-26 所示。

5. 场

场是隔行扫描的产物，扫描一帧画面时由上到下扫描，先扫描奇数行，再扫描偶数行，两次扫描完成一幅

图 1-26

画面。由上到下扫描一次叫作一个场，一幅画面需要两个场扫描来完成。扫描 25 帧/秒的图像时，由上到下扫描需要 50 次，也就是每个场间隔 1/50s。如果制作奇数行和偶数行间隔 1/50s 的有场图像，就可以在隔行扫描的 25 帧/秒的电视上每秒显示 50 幅画面。画面多了自然流畅，跳动的效果就会减弱，但是场会加重图像锯齿。

要在 After Effects 中将有场文件导入，可以执行"文件 > 解释素材 > 主要"命令，在弹出的对话框中进行设置即可，如图 1-27 所示。

> **提示**
>
> 这个步骤叫作"分离场"，如果选择"高场"，并且在制作中加入了后期效果，那么在最终渲染输出的时候，输出文件必须带场，才能将低场加入后期效果；否则"低场"就会自动丢弃，图像质量也就只有一半。

在 After Effects 中输出有场文件的相关操作如下。

按 Ctrl+M 组合键，弹出"渲染队列"面板，单击"最佳设置"按钮，在弹出的"渲染设置"对话框的"场渲染"选项的下拉列表中选择输出场的方式，如图 1-28 所示。

图 1-27

图 1-28

如果使用场渲染方法生成动画，在电视上播放时会出现因为场错误而导致的问题。这说明素材使用的是低场，需要选择动画素材后按 Ctrl+F 组合键，在弹出的对话框中选择"低场优先"。

6. 运动模糊

　　运动模糊会产生拖尾效果，以使每帧画面更接近，减少帧之间因为画面差距大而引起的闪烁或抖动，但这要牺牲图像的清晰度。

　　按 Ctrl+M 组合键，弹出"渲染队列"面板，单击"最佳设置"按钮，在弹出的"渲染设置"对话框中设置运动模糊，如图 1-29 所示。

7. 帧混合

　　帧混合可以用来消除画面的轻微抖动。对于有场的素材，也可以用来抗锯齿，但效果有限。在 After Effects 中，帧混合的相关设置如图 1-30 所示。

　　按 Ctrl+M 组合键，弹出"渲染队列"面板，单击

图 1-29

"最佳设置"按钮，在弹出的"渲染设置"对话框中设置帧混合参数，如图 1-31 所示。

图 1-30

图 1-31

8. 抗锯齿

　　锯齿的出现会使图像粗糙、不清晰。提高图像质量是消除锯齿的主要办法，但对于有场的图像只有通过添加模糊、牺牲清晰度的方法来抗锯齿。

　　按 Ctrl+M 组合键，弹出"渲染队列"面板，单击"最佳设置"按钮，在弹出的"渲染设置"对话框中设置抗锯齿参数，如图 1-32 所示。

　　如果是矢量图像，可以在"时间轴"面板中单击按钮🐾，一帧一帧地重新计算矢量分辨率，如图 1-33 所示。

设置抗锯齿

消隐——在时间轴中隐藏图层

图 1-32　　　　　　　　　　　　　　　图 1-33

1.3　打开与输出不同格式的视频

1.3.1　【训练目标】

熟练掌握打开文件、输出文件的操作方法。

1.3.2　【案例操作】

步骤① 打开 After Effects CC 2019，执行"文件 > 打开项目"命令，弹出"打开"对话框，选择云盘中的"Ch01 > 海上动画 > 海上动画.aep"文件，如图 1-34 所示，单击"打开"按钮打开文件。"合成"面板中的图像如图 1-35 所示。

图 1-34　　　　　　　　　　　　　　　图 1-35

步骤② 执行"合成 > 添加到渲染队列"命令，打开"渲染队列"面板，如图 1-36 所示。

图 1-36

步骤❸ 在"渲染队列"面板中，单击"输出模块："右侧的"无损"文字按钮，在弹出的"输出模块设置"对话框中进行设置，如图 1-37 所示，单击"确定"按钮完成设置。在"渲染队列"面板中，单击"输出到："选项右侧的"最终效果"文字按钮，在弹出的"将影片输出到："对话框中选择要保持文件的位置，如图 1-38 所示，单击"保存"按钮完成设置。

图 1-37

图 1-38

步骤❹ 在"渲染队列"面板中，单击"渲染"按钮，文件进行渲染输出，如图 1-39 所示。找到指定输出的文件夹，可以看到输出后的文件，如图 1-40 所示，双击该文件，即可脱离 After Effects CC 2019 软件并进行播放。

图 1-39

图 1-40

1.3.3 【相关知识】

1. 常用图形图像文件格式

◎ GIF 格式

GIF 格式是 CompuServe 公司开发的存储 8 位图像的文件格式，支持图像的透明背景，采用无失真压缩技术，多用于网页制作和网络传输。

◎ JPEG 格式

JPEG 格式是采用静止图像压缩编码技术的图像文件格式，是目前网络上应用较广的图像格式，支持不同的压缩比。

◎ BMP 格式

BMP 格式最初是 Windows 操作系统的画笔软件所使用的图像格式，现在已经被多种图形图像处理软件所支持和使用。它是位图格式，有单色位图、16 色位图、256 色位图、24 位真彩色位图等。

◎ PSD 格式

PSD 格式是 Adobe 公司开发的图像处理软件 Photoshop 所使用的图像格式，它能保留 Photoshop 制作流程中各图层的图像信息，越来越多的图像处理软件开始支持这种图像格式。

◎ FLM 格式

FLM 格式是 Adobe 公司开发的视频编辑软件 Premiere 输出的一种图像格式。Premiere 将视频片段输出成序列帧图像，每帧的左下角为时间编码，以 SMPTE 时间编码标准显示，右下角为帧编号，可以在 Photoshop 软件中对其进行处理。

◎ TGA 格式

TGA 格式是一种图形、图像数据的通用格式，在多媒体领域有很大的影响，是计算机生成图像向电视转换的一种首选格式。TGA 格式的文件结构比较简单。

◎ TIFF 格式

TIFF 格式是一种可以存储高质量图像的位图格式。TIFF 格式与 JPEG 格式和 PNG 格式一样，受到业界广泛欢迎。

◎ DXF 格式

DXF 格式是一种开放的矢量数据格式，DXF 格式由于拥有较强的通用性，因此被广泛使用。

◎ PIC 格式

PIC 格式是一种可以记录和存储影像信息的格式，其针对性强，常用于工程制图中。

◎ PCX 格式

PCX 格式是 Z-soft 公司为存储画笔软件产生的图像而建立的图像文件格式，是位图文件的标准格式，也是一种基于个人计算机绘图程序的专用格式。

◎ EPS 格式

EPS 格式可用于矢量和位图图形，几乎支持所有的图形和页面排版程序。EPS 格式用于在应用程序间传输 PostScript 语言图稿。在 Photoshop 中打开其他程序创建的包含矢量图形的 EPS 文件时，Photoshop 会对此文件进行栅格化，将矢量图形转换为位图。EPS 格式支持多种颜色模式，还支持剪贴路径，但不支持 Alpha 通道。

◎ RLA/RPF 格式

RLA/RPF 格式是一种可以包括 3D 信息的文件格式，通常用于 3D 图形在特效合成软件中的后期合成。该格式中可以包括对象的 ID 信息、z 轴信息、法线信息等。对于 RLA 来说，RPF 可以包含更多的信息，其是一种较先进的文件格式。

2. 常用视频压缩编码格式

◎ AVI 格式

音频视频交错（Audio Video Interleaved，AVI）格式可以将视频和音频交织在一起进行同步播放。AVI 格式的优点是图像质量好，可以跨多个平台使用；缺点是文件过于庞大，且压缩标准不统一，因此经常会遇到高版本 Windows 媒体播放器播放不了采用早期编码编辑的 AVI 格式视频，而低版本 Windows 媒体播放器又播放不了采用最新编码编辑的 AVI 格式视频的情况。

◎ DV-AVI 格式

目前流行的数码摄像机就是使用 DV-AVI（Digital Video AVI）格式记录视频数据的。可以通过计算机的 IEEE 1394 端口传输这种格式的视频数据到计算机，也可以将计算机中编辑好的这种格式的视频数据回录到数码摄像机中。这种视频格式的文件扩展名和 AVI 格式的文件扩展名一样，都是.avi，所以人们习惯叫它 DV-AVI 格式。

◎ MPEG 格式

MPEG 格式是运动图像的压缩算法的国际标准，它采用有损压缩方法从而减少了运动图像中的冗余信息。MPEG 的压缩方法说得更加深入一些就是保留相邻两幅画面绝大多数相同的部分，而把后续图像中冗余的部分去除，从而达到压缩的目的。常见的 VCD、SVCD、DVD 就使用这种格式。目前 MPEG 格式有 3 个压缩标准，分别是 MPEG-1、MPEG-2 和 MPEG-4。

MPEG-1：它是针对 1.5Mbit/s 以下数据传输速率的数字存储媒体运动图像及其伴音编码而设计的国际标准，也就是通常见到的 VCD 制式格式。这种视频格式的扩展名包括.mpg、.mlv、.mpe、.mpeg 及 VCD 光盘中的.dat 文件等。

MPEG-2：其设计目标为高级工业标准的图像质量及更高的传输速率。这种格式主要应用在 DVD/SCVD 的制作（压缩）方面，同时在一些高清晰度电视（HDTV）和一些高要求视频编辑、处理上应用也相当广泛。这种格式的文件扩展名包括.mpg、.mlv、.mpe、.mpeg、.m2v 及 DVD 光盘中的.vob 文件等。

MPEG-4：MPEG-4 是为了播放流式媒体的高质量视频专门设计的。它利用很窄的带宽，通过帧重建技术压缩和传输数据，以求使用最少的数据获得最佳的图像质量。MPEG-4 最有吸引力的地方在于它能够保存接近于 DVD 画质的文件量较小的视频文件。这种视频格式的文件扩展名包括.asf、.mov、.DivX 和.avi 等。

◎ H.264 格式

H.264 格式是由国际标准化组织/国际电工委员会（ISO/IEC）与国际电信联盟电信标准化部门（ITU-T）组成的联合视频组（Joint Video Team，JVI）制定的新一代视频压缩编码标准。在 ISO/IEC 中，该标准被命名为高级视频编码（Advanced Video Coding，AVC），作为 MPEG-4 标准的第 10 个选项；在 ITU-T 中，该标准被正式命名为 H.264 标准。

H.264 和 H.261、H.263 一样，也是采用 DCT 变换编码加 DPCM 的差分编码，即混合编码结构。同时，H.264 在混合编码的框架下引入新的编辑方式，提高了编辑效率，更贴近实际应用。

H.264 没有烦琐的选项，而是力求简洁地"回归基本"。它具有比 H.263++更好的压缩性能，又具有适应多种信道的能力。

H.264 应用广泛，可满足不同传输速率、不同场合的视频应用，具有良好的抗误码和抗丢包处理能力。

H.264 的基本系统无须使用版权，具有开放的性质，能很好地适应 IP 和无线网络的使用环境，目前这对在互联网中传输多媒体信息、在移动网中传输宽带信息等都具有重要意义。

H.264 标准使运动图像压缩技术上升到了更高的阶段，在较低带宽上提供高质量的图像传输是 H.264 的应用亮点

◎ DivX 格式

DivX 格式是由 MPEG-4 衍生出的一种视频编码（压缩）标准，也就是通常所说的 DVDrip 格

式，它在采用 MPEG-4 的压缩算法的同时，综合了 MPEG-4 与 MP3 各方面的技术，即使用 DivX 压缩技术对 DVD 盘片的视频图像进行高质量压缩，同时使用 MP3 和 AC3 对音频进行压缩，然后将视频与音频合成并加上相应的外挂字幕文件。其画质接近 DVD，并且文件量只有 DVD 的几分之一。

◎ MOV 格式

MOV 格式是由美国 Apple 公司开发的一种视频格式，默认的播放器是苹果的 QuickTime Player。它具有较高的压缩比和较完美的视频清晰度等特点，其最大的特点是跨平台性，不仅支持 Mac OS 系统，而且支持 Windows 系列。

◎ ASF 格式

ASF 格式是微软为了和现在的 RealPlayer 竞争而推出的一种视频格式，可以直接使用 Windows Media Player 播放 ASF 格式视频。由于它使用了 MPEG-4 的压缩算法，所以压缩比和图像的质量都很不错。

◎ RM 格式

这是一种由 Real Networks 公司制定的音频视频压缩规范，称为 RM（Real Media），用户可以使用 RealPlayer 和 RealOne Player 对符合 Real Media 技术规范的网络音频、视频资源进行实时播放，并且 Real Media 还可以根据不同的网格传输速率制定不同的压缩比，从而实现在低速率的网络上实时传送和播放影像数据。这种格式的另一个特点是用户使用 RealPlayer 或 RealOne Player 播放器可以在不下载音频、视频内容的条件下实现在线播放。

◎ RMVB 格式

这是一种由 RM 视频格式升级衍生出的新视频格式，RMVB 格式的先进之处在于打破了原 RM 格式平均压缩采样的方式，在保证平均压缩比的基础上合理利用了浮动码率编码方式，即静止场面和动作场面少的画面场景采用较低的码率，这样可以留出更多的带宽空间，而这些带宽会在出现快速运动的画面场景时被利用。这样在保证静止画面质量的前提下大幅提高了运动图像的画面质量，从而使图像画面质量和文件大小之间达到了巧妙的平衡。

3. 常用音频压缩编码格式

◎ CD 格式

目前音质最好的音频格式是 CD（Compat Dist）格式。在大多数播放软件的"打开文件类型"中，都可以看到.cda 文件，这就是 CD 音轨。标准 CD 格式采用 44.1kHz 的采样频率，88Kbit/s 的速率，16 位量化位数。CD 音轨可以说是近似无损的，因此它播放出的声音是接近原声的。

CD 光盘可以在 CD 唱片机中播放，也能用计算机中的各种播放软件来播放。一个 CD 音频文件是一个.cda 文件，这只是一个索引信息，并没有真正地包含声音信息，所以不论 CD 音乐长短，在计算机上看到的.cda 文件都是 44 字节。

不能直接将 CD 格式的.cda 文件复制到硬盘上播放，需要使用像 EAC 这样的抓音轨软件把 CD 格式的文件转换成 WAV 格式。如果光盘驱动器质量过关且 EAC 的参数设置得当，那么可以基本做到无损抓音轨，推荐大家使用这种方法。

◎ WAV 格式

WAV 格式是微软公司开发的一种声音文件格式，它符合资源交换文件格式（Resource Interchange File Format，RIFF）文件规范，用于保存 Windows 平台的音频资源，被 Windows 平台及其应用程序所支持。WAV 格式支持 MSADPCM、CCITT ALAW 等多种压缩算法，支持多种音频位数、采样频率和声道。标准格式的 WAV 文件和 CD 格式文件一样，也是 44.1kHz 的采样频率，88 Kbit/s 的速率，16 位量化位数。

◎ MP3 格式

MP3 格式诞生于 20 世纪 80 年代的德国。MP3 是 MPEG 标准中的音频部分，也就是 MPEG 音频层。根据压缩质量和编码处理的不同分为 3 层，分别对应.mp1、.mp2、.mp3 这 3 种声音文件。

> MPEG 音频文件的压缩方式是一种有损压缩，MPEG-3 音频编码具有 10：1~12：1 的高压缩比，可基本保持低音频部分不失真，但是牺牲了声音文件中 12~16kHz 高频部分的质量来缩小文件的尺寸。

相同长度的音乐文件，用 MP3 格式来存储，一般只有 WAV 格式文件的十分之一，而音质次于 CD 格式或 WAV 格式的声音文件。

◎ MIDI 格式

乐器数字接口（Musical Instrument Digital Interface，MIDI）文件格式允许数字合成器和其他设备交换数据。MIDI 文件并不是一段录制好的声音，而是记录声音的信息，然后告诉声卡如何再现音乐的一组指令。这样一个 MIDI 文件每存 1 分钟的音乐用 5~10KB 空间。

MIDI 文件主要用于原始乐器作品、流行歌曲的业余表演、游戏音轨及电子贺卡等。MIDI 文件重放的效果完全依赖声卡的档次。MIDI 格式的最大用处是在计算机作曲领域。MIDI 文件可以用作曲软件写出，也可以通过声卡的 MIDI 口把外接乐器演奏的乐曲输入计算机里，制成 MIDI 文件。

◎ WMA 格式

微软媒体音频（Windows Media Audio，WMA）格式的一个优点是音质要强于 MP3 格式，它和日本 YAMAHA 公司开发的 VQF 格式一样，是以减少数据流量但保持音质的方法来达到比 MP3 压缩比更高的目的，WMA 的压缩比一般都可以达到 18：1。

WMA 格式的另一个优点是内容提供商可以通过数字版权管理（Digital Rights Management，DRM）方案如 Windows Media Rights Manager 7 加入防复制保护。这种内置的版权保护技术可以限制播放时间和播放次数甚至播放的机器等，这对被盗版搅得焦头烂额的音乐公司来说是一个福音。另外，WMA 还支持音频流（Stream）技术，适合在网络上在线播放。

WMA 在录制时可以对音质进行调节。同一格式、音质好的可与 CD 格式媲美，压缩率较高的可用于网络广播。

4. 视频输出的设置

按 Ctrl+M 组合键，弹出"渲染队列"面板，单击"输出组件"选项右侧的"无损"按钮，弹出"输出模块设置"对话框，在这个对话框中可以对视频的输出格式及其相应的编码方式、视频大小、比例、音频等进行输出设置，如图 1-41 所示。

设置渲染文件格式

设置渲染相关参数

图1-41

　　格式：在"格式"下拉列表中可以选择输出格式和输出图片序列，一般使用 TGA 格式的序列文件，输出样品成片可以使用 AVI 格式和 MOV 格式，输出贴图可以使用 TIF 格式和 PIC 格式。

　　格式选项：输出图片序列时，可以选择输出颜色位数；输出影片时，可以设置压缩方式和压缩比。

　　5. 视频文件的打包设置

　　一些影视合成或者编辑团体软件中用到的素材可能分布在硬盘的各个地方，有时在另一个设备上打开工程文件时会碰到部分文件丢失的情况。如果要一个一个地把素材找出来并复制显然很麻烦，执行"打包"命令可以自动把文件收集在一个目录中打包。

　　执行"文件 > 整理工程（文件）> 收集文件"命令，在弹出的对话框中单击"收集"按钮，即可完成打包操作，如图 1-42 所示。

图1-42

02

第 2 章
应用图层

本章对 After Effects CC 2019 中图层的应用与操作做了详细讲解。读者通过对本章的学习，可以充分理解图层的概念，并能够掌握图层的基本操作方法和使用技巧。

课堂学习目标

- ✓ 理解图层的概念
- ✓ 掌握图层的基本操作方法和使用技巧
- ✓ 掌握层的 5 个基本变换属性
- ✓ 熟练掌握关键帧动画的制作

思政课堂

学以致用

2.1 制作文字飞入效果

2.1.1 【训练目标】

使用"导入"命令导入素材。使用"新建合成"命令创建合成，为文字添加动画控制器，设置相关的关键帧制作文字飞舞并最终组合效果；为文字添加"斜面 Alpha""投影"命令制作立体效果。最终效果参看云盘中的"Ch02 > 制作文字飞入效果 > 制作文字飞入效果.aep"，如图 2-1 所示。

图2-1

2.1.2 【案例操作】

1. 输入文字

步骤❶ 按 Ctrl+N 组合键，弹出"合成设置"对话框，在"合成名称"文本框中输入"最终效果"，其他选项的设置如图 2-2 所示，单击"确定"按钮，创建一个新的合成"最终效果"。执行"文件 > 导入 > 文件"命令，在弹出的"导入文件"对话框中，选择云盘中的"Ch02 > 制作文字飞入效果 > (Footage) > 01.jpg"文件，如图 2-3 所示，单击"导入"按钮，导入背景图片，并将其拖曳到"时间轴"面板中。

图2-2   图2-3

步骤❷ 选择"横排文字"工具 **T**，在"合成"面板中输入文字"3 月 12 日 全民植树节"，在"字符"面板中，设置"填充颜色"为黄绿色（其 R、G、B 的值分别为 182、193、0），其他选项的设置如图 2-4 所示。"合成"面板中的效果如图 2-5 所示。

图2-4   图2-5

步骤③ 选中文字"3月12日",在"字符"面板中设置文字参数,如图2-6所示。"合成"面板中的效果如图2-7所示。

图2-6　　　　　　　　　　　　图2-7

步骤④ 选中"文本"图层,单击"段落"面板中的"右对齐文本"按钮，如图2-8所示。"合成"面板中的效果如图2-9所示。

图2-8　　　　　　　　　　　　图2-9

2. 添加关键帧动画

步骤① 展开"文本"图层的"变换"属性,设置"位置"选项的数值为911.0,282.0,如图2-10所示。"合成"面板中的效果如图2-11所示。

图2-10　　　　　　　　　　　　图2-11

步骤② 单击"动画"右侧的▶按钮,在弹出的下拉列表中选择"锚点"选项,如图2-12所示。在"时间轴"面板中会自动添加一个"动画制作工具1"选项,设置"锚点"选项的数值为0.0,-30.0,如图2-13所示。

图2-12　　　　　　　　　　　　图2-13

步骤③ 按照上述方法再添加一个"动画制作工具 2"选项。单击"动画制作工具 2"右侧的"添加"按钮▶，在弹出的菜单中选择"选择器 > 摆动"选项，如图 2-14 所示，展开"摆动选择器 1"属性，设置"摇摆/秒"选项的数值为 0.0，"关联"选项的数值为 73%，如图 2-15 所示。

　　　　图 2-14　　　　　　　　　　　　　　　　图 2-15

步骤④ 单击"添加"按钮▶，添加"位置""缩放""旋转""填充色相"选项，分别选择后再设定各自的参数值，如图 2-16 所示。在"时间轴"面板中，将时间标签放置在 03：00s 的位置，分别单击这 4 个选项左侧的"关键帧自动记录器"按钮，如图 2-17 所示，记录第 1 个关键帧。

　　　　图 2-16　　　　　　　　　　　　　　　　图 2-17

步骤⑤ 在"时间轴"面板中，将时间标签放置在 04：00s 的位置，设置"位置"选项的数值为 0.0，0.0，"缩放"选项的数值为 100.0%、100.0%，"旋转"选项的数值为 0x+0.0°，"填充色相"选项的数值为 0x+0.0°，如图 2-18 所示，记录第 2 个关键帧。

步骤⑥ 展开"摆动选择器 1"属性，将时间标签放置在 0s 的位置，分别单击"时间相位"和"空间相位"选项左侧的"关键帧自动记录器"按钮，记录第 1 个关键帧。设置"时间相位"选项的数值为 2x+0.0°，"空间相位"选项的数值为 2x+0.0°，如图 2-19 所示。

　　　　图 2-18　　　　　　　　　　　　　　　　图 2-19

步骤⑦ 将时间标签放置在 01：00s 的位置，如图 2-20 所示。在"时间轴"面板中，设置"时间相位"选项的数值为 2x+200.0°，"空间相位"选项的数值为 2x+150.0°，如图 2-21 所示，记录第 2 个关键帧。将时间标签放置在 2s 的位置，设置"时间相位"选项的数值为 3x+160.0°，"空间相位"

选项的数值为 3x+125.0°，如图 2-22 所示，记录第 3 个关键帧。将时间标签放置在 03∶00s 的位置，设置"时间相位"选项的数值为 4x+150.0°，"空间相位"选项的数值为 4x+110.0°，如图 2-23 所示，记录第 4 个关键帧。

图 2-20

图 2-21

图 2-22

图 2-23

3. 添加立体效果

步骤① 选中"文本"图层，执行"效果 > 透视 > 斜面 Alpha"命令，在"效果控件"面板中设置参数，如图 2-24 所示。"合成"面板中的效果如图 2-25 所示。

图 2-24

图 2-25

步骤② 执行"效果 > 透视 > 投影"命令，在"效果控件"面板中设置参数，如图 2-26 所示。"合成"面板中的效果如图 2-27 所示。

图 2-26

图 2-27

步骤❸ 在"时间轴"面板中单击"运动模糊"按钮 ⌬，将其激活。单击"文本"图层右侧的"运动模糊"按钮 ⌬，如图2-28所示。文字飞入效果制作完成，如图2-29所示。

图2-28   图2-29

2.1.3 【相关知识】

1. 理解图层的概念

在After Effects CC 2019中无论是创作合成动画，还是效果处理等操作，都离不开图层，因此制作动态影像的第一步就是了解和掌握图层。"时间轴"面板中的素材都是以图层的方式按照上下位置关系依次排列组合的，如图2-30所示。

图2-30

可以将After Effects软件中的图层想象成一层层叠放的透明胶片，上一层有内容的地方将遮盖住下一层的内容，而上一层没有内容的地方则露出下一层的内容，如果上一层的部分处于半透明状态，将依据半透明程度混合显示下层内容，这是图层最简单、最基本的概念。图层与图层之间还存在更复杂的合成组合关系，例如叠加模式、蒙版合成方式等。

2. 将素材放置到"时间轴"上

素材只有放入"时间轴"面板中才可以对其进行编辑。将素材放入"时间轴"面板的方法如下。

将素材直接从"项目"面板拖曳到"合成"面板中，如图2-31所示，鼠标拖曳的位置可以决定素材在合成画面中的位置。

在"项目"面板中将素材拖曳到合成层上，如图2-32所示。

图2-31   图2-32

在"项目"面板中选中素材，按 Ctrl+/组合键，将所选素材置入当前"时间轴"面板中。

将素材从"项目"面板拖曳到"时间轴"面板区域，在未松开鼠标时，"时间轴"面板中会显示一条蓝色线，根据它所在的位置决定置入哪一层，如图 2-33 所示。

将素材从"项目"面板拖曳到"时间轴"面板，在未松开鼠标时，不仅出现了一条蓝色线，用于决定置入哪一层，同时会在时间标尺处显示时间指针，用于决定素材入场的时间，如图 2-34 所示。

图 2-33　　　　　　　　　　　图 2-34

在"项目"面板中双击素材，通过"素材"预览面板打开素材，单击 、 两个按钮设置素材的入点和出点，再单击"波纹插入编辑"按钮 或者"叠加编辑"按钮 将素材插入"时间轴"面板，如图 2-35 所示。

 提示

如果其是图像素材，将无法出现上述按钮和功能，因此只能对视频素材使用此方法。

图 2-35

3. 改变图层上下顺序

在"时间轴"面板中选择图层，上下拖曳到适当的位置，可以改变图层顺序。拖曳时注意观察蓝色水平线的位置，如图 2-36 所示。

图 2-36

在"时间轴"面板中选择图层，通过菜单和快捷键移动上下图层位置的方法如下。

执行"图层 > 排列 > 将图层置于顶层"命令，或按 Ctrl+Shift+] 组合键将图层移到顶层。

执行"图层 > 排列 > 将图层前移一层"命令，或按 Ctrl+] 组合键将图层往上移一层。

执行"图层 > 排列 > 将图层后移一层"命令，或按 Ctrl+ [组合键将图层往下移一层。

执行"图层 > 排列 > 将图层置于底层"命令，或按 Ctrl+Shift+ [组合键将图层移到底层。

4. 复制图层和替换图层

◎ 复制图层的方法一

选中图层，执行"编辑 > 复制"命令，或按 Ctrl+C 组合键复制图层。

执行"编辑 > 粘贴"命令，或按 Ctrl+V 组合键粘贴图层，粘贴出来的新图层将保持开始所选图层的所有属性。

◎ 复制图层的方法二

选中图层，执行"编辑 > 重复"命令，或按 Ctrl+D 组合键快速复制图层。

◎ 替换图层的方法一

在"时间轴"面板中选择需要替换的图层，在"项目"面板中，按住 Alt 键的同时，将替换的新素材拖曳到"时间轴"面板，如图 2-37 所示。

图 2-37

◎ 替换图层的方法二

在"时间轴"面板中选择需要替换的图层，单击鼠标右键，在弹出的菜单中执行"显示 > 在项目流程图中显示图层"命令，打开"流程图"面板。

在"项目"面板中，将替换的新素材拖曳到流程图窗口中目标层图标的上方，如图 2-38 所示。

图 2-38

5. 给图层加标记

标记功能对于声音素材来说有着特殊的意义,例如,在某个高音或者某个鼓点处,设置图层标记,在整个创作过程中,可以快速、准确地知道某个时间和位置发生了什么。

◎ 添加图层标记

在"时间轴"面板中选择图层,并将当前时间标签移动到指定时间点上,如图 2-39 所示。

图 2-39

执行"图层 > 标记> 添加标记"命令,或按数字键盘上的 * 键,添加图层标记,如图 2-40 所示。

图 2-40

提示

在视频创作过程中,视觉画面总是与音乐匹配,选择背景音乐图层,按数字键盘上的 0 键预听音乐。注意一边听一边在音乐变化时按数字键盘上的 * 键设置标记作为后续动画关键帧位置参考,停止音乐播放后将呈现所有标记。

◎ 修改图层标记

单击图层标记并拖曳到新的时间位置上可修改层标记;或双击图层标记,打开"图层标记"对话框,在"时间"文本框中输入目标时间,精确修改图层标记的时间和位置,如图 2-41 所示。

图 2-41

另外,为了更好地识别各个标记,可以给各个标记添加注释。双击各个标记,在打开的"图层标记"对话框的"注释"处输入说明文字,如"标记开始",如图 2-42 所示。

图 2-42

◎ 删除图层标记

在目标标记上单击鼠标右键，在弹出的菜单中执行"删除此标记"或者"删除所有标记"命令。

按住 Ctrl 键的同时，将鼠标指针移至标记处，当鼠标指针变为 ✂ （剪刀）符号时，单击该标记即可删除标记。

6. 让图层自动适合合成图像尺寸

选择图层，执行"图层 > 变换 > 适合复合"命令，或按 Ctrl+Alt+F 组合键使图层尺寸自动适合图像尺寸，如果图层的长宽比与合成图像的长宽比不一致，将导致层图像变形，如图 2-43 所示。

执行"图层 > 变换 > 适合复合宽度"命令，或按 Ctrl+Alt+Shift+H 组合键使图层宽度适合合成图像宽度，如图 2-44 所示。

执行"图层 > 变换 > 适合复合高度"命令，或按 Ctrl+Alt+Shift+G 组合键使图层高度适合合成图像高度，如图 2-45 所示。

图 2-43 图 2-44 图 2-45

7. 对齐和分布图层

执行"窗口 > 对齐"命令，打开"对齐"面板，如图 2-46 所示。

"对齐"面板上的按钮第一行从左到右分别为"左对齐"按钮 ▤ 、"水平对齐"按钮 ▤ 、"右对齐"按钮 ▤ 、"顶对齐"按钮 ▤ 、"垂直对齐"按钮 ▤ 、"底对齐"按钮 ▤ 。第二行从左到右分别为"按顶分布"按钮 ▤ 、"垂直均匀分布"按钮 ▤ 、"按底分布"按钮 ▤ 、"按左分布"按钮 ▤ 、"水平均匀分布"按钮 ▤ 和"水平方向右分布"按钮 ▤ 。

图 2-46

步骤❶ 在"时间轴"面板中，同时选中 1~4 层所有文本图层。选择图层 1，按住 Shift 键的同时，选择图层 4，如图 2-47 所示。

步骤❷ 单击"对齐"面板中的"水平对齐"按钮 ▤ ，将所选中的图层水平居中对齐；再次单击"垂直均匀分布"按钮 ▤ ，以"合成"面板画面位置最上图层和最下图层为基准，平均分布中间两图层，达到垂直间距一致，如图 2-48 所示。

图 2-47 图 2-48

2.1.4 【实战演练】——制作雪花效果

使用"CC 降雪"命令制作雪花效果。最终效果参看云盘中的"Ch02 ＞ 制作雪花效果 ＞ 制作雪花效果.aep",如图 2-49 所示。

图 2-49

2.2 制作飞机运动效果

2.2.1 【训练目标】

使用"导入"命令导入素材 ＞ 使用"缩放"属性和"位置"属性制作飞机动画 ＞ 使用"投影"命令为飞机添加投影效果。最终效果参看云盘中的"Ch02 ＞ 制作飞机运动效果 ＞ 制作飞机运动效果.aep",如图 2-50 所示。

图 2-50

2.2.2 【案例操作】

导入素材

步骤❶ 按 Ctrl+N 组合键,弹出"合成设置"对话框,在"合成名称"文本框中输入"最终效果",其他选项的设置如图 2-51 所示,单击"确定"按钮,创建一个新的合成"最终效果"。执行"文件 ＞ 导入 ＞ 文件"命令,在弹出的"导入文件"对话框中,选择云盘中的"Ch02 ＞ 制作飞机运动效果 ＞ (Footage) ＞ 01.jpg ~ 03.png"文件,如图 2-52 所示,单击"导入"按钮,将图片导入"项目"面板中。

步骤❷ 在"项目"面板中,选中"01.jpg"和"02.png"文件,并将它们拖曳到"时间轴"面板中,如图 2-53 所示。"合成"面板中的效果如图 2-54 所示。

图 2-51　　　　　　　　　　　　　　　　图 2-52

图 2-53　　　　　　　　　　　　　　　　图 2-54

步骤❸ 选中"02.png"图层，按 S 键，展开"缩放"属性，设置"缩放"选项的数值为 50.0，50.0%，如图 2-55 所示。"合成"面板中的效果如图 2-56 所示。

图 2-55　　　　　　　　　　　　　　　　图 2-56

步骤❹ 保持时间标签在 0s 的位置，按 P 键，展开"位置"属性，设置"位置"选项的数值为 1110.9、135.5，单击"位置"选项左侧的"关键帧自动记录器"按钮 ⏱，如图 2-57 所示，记录第 1 个关键帧。"合成"面板中的效果如图 2-58 所示。

图 2-57　　　　　　　　　　　　　　　　图 2-58

步骤⑤ 将时间标签放置在 14:24s 的位置。在"时间轴"面板中,设置"位置"选项的数值为 100.8、204.9,如图 2-59 所示,记录第 2 个关键帧。"合成"面板中的效果如图 2-60 所示。

图 2-59   图 2-60

步骤⑥ 将时间标签放置在 05:00s 的位置,如图 2-61 所示。选择"选取"工具 ▶ ,在"合成"面板中把飞机拖曳到适当的位置,如图 2-62 所示,记录第 3 个关键帧。

图 2-61   图 2-62

步骤⑦ 将时间标签放置在 10:00s 的位置,在"合成"面板中把飞机拖曳到适当的位置,如图 2-63 所示,记录第 4 个关键帧。将时间标签放置在 12:17s 的位置,在"合成"面板中把飞机拖曳到适当的位置,如图 2-64 所示,记录第 3 个关键帧。

图 2-63   图 2-64

步骤⑧ 选中"02.png"图层,执行"效果 > 透视 > 投影"命令,在"效果控件"面板中,将"阴影颜色"设为黄色(其 R、G、B 的值分别为 255、210、0),其他选项的设置,如图 2-65 所示。"合成"面板中的效果如图 2-66 所示。

图 2-65 图 2-66

步骤⑨ 在"项目"面板中，选中"03.png"文件并将其拖曳到"时间轴"面板中，如图 2-67 所示。按照上述方法制作"03.png"图层。飞机运动效果制作完成，如图 2-68 所示。

图 2-67 图 2-68

2.2.3 【相关知识】

1. 了解图层的 5 个基本变换属性

除了单独的音频图层之外，各类型图层至少有 5 个基本变化属性，它们分别是锚点、位置、缩放、旋转和不透明度。可以单击"时间轴"面板中图层色彩标签前面的小箭头按钮 ▷ 展开"变换"属性标题，再次单击"变换"左侧的小箭头按钮 ▷，展开各个变换属性的具体参数，如图 2-69 所示。

图 2-69

◎ 锚点属性

无论一个层的面积多大，当其位置移动、旋转和缩放时，都是依据一个点来操作的，这个点就是锚点。

选择需要的图层，按 A 键，展开"锚点"属性，如图 2-70 所示。以锚点为基准，如图 2-71 所示，旋转操作如图 2-72 所示，缩放操作如图 2-73 所示。

图 2-70

图 2-71

图 2-72

图 2-73

◎ 位置属性

选择需要的图层，按 P 键，展开"位置"属性，如图 2-74 所示。以锚点为基准，如图 2-75 所示；在图层的"位置"属性后方的数字上拖曳鼠标（或单击输入需要的数值），如图 2-76 所示；松开鼠标，效果如图 2-77 所示。

图 2-74

图 2-75

图 2-76

图 2-77

普通二维图层的"位置"属性由 x 轴向和 y 轴向 2 个参数组成；如果是三维图层，则由 x 轴向、y 轴向和 z 轴向 3 个参数组成。

> 提示
>
> 在制作位置动画时，为了保持移动时的方向性，可以执行"图层 > 变换 > 自动定向"命令，弹出"自动定向"对话框，选择"沿路径定向"选项。

◎ 缩放属性

选择需要的图层，按 S 键，展开"缩放"属性，如图 2-78 所示。以锚点为基准，如图 2-79 所示；在图层的"缩放"属性后方的数字上拖曳鼠标（或单击输入需要的数值），如图 2-80 所示；松开鼠标，效果如图 2-81 所示。

图 2-78

图 2-79

图 2-80

图 2-81

普通二维图层的"缩放"属性由 x 轴向和 y 轴向 2 个参数组成；如果是三维图层，则由 x 轴向、y 轴向和 z 轴向 3 个参数组成。

◎ 旋转属性

选择需要的图层，按 R 键，展开"旋转"属性，如图 2-82 所示。以锚点为基准，如图 2-83 所示；在图层的"旋转"属性后方的数字上拖曳鼠标（或单击输入需要的数值），如图 2-84 所示；松开鼠标，效果如图 2-85 所示。普通二维图层的"旋转"属性由圈数和度数 2 个参数组成，如"1×+180°"。

图 2-82

图 2-83

图 2-84   图 2-85

　　如果是三维图层，"旋转"属性将增加为 4 个：方向可以同时设定 x、y、z 3 个轴向，x 轴旋转仅调整 x 轴向旋转，y 轴旋转仅调整 y 轴向旋转，z 轴旋转仅调整 z 轴向旋转，如图 2-86 所示。

图 2-86

◎ 不透明度属性

　　选择需要的图层，按 T 键，展开"不透明度"属性，如图 2-87 所示。以锚点为基准，如图 2-88 所示；在图层的"不透明度"属性后方的数字上拖曳鼠标（或单击输入需要的数值），如图 2-89 所示；松开鼠标，效果如图 2-90 所示。

图 2-87   图 2-88

图 2-89   图 2-90

可以在按住 Shift 键的同时，按下显示各属性的快捷键来组合显示属性。例如，只想看见图层的"位置"和"不透明度"属性，可以在选取图层之后，先按 P 键，然后再按 Shift+T 组合键完成，如图 2-91 所示。

图 2-91

2. 利用位置属性制作位置动画

执行"文件 > 打开项目"命令，或按 Ctrl+O 组合键，在弹出的"打开"对话框中，选择云盘中的"基础素材 > Ch02 > 纸飞机 > 纸飞机.aep"文件，如图 2-92 所示，单击"打开"按钮，打开此文件，如图 2-93 所示。

图 2-92　　　　　　　　　　　　　　　　图 2-93

在"时间轴"面板中选中"02.png"图层，按 P 键，展开"位置"属性，确定当前时间标签处于 0s 的位置，调整"位置"属性的 x 值和 y 值分别为 94.0 和 632.0，如图 2-94 所示；或选择"选取"工具▶，在"合成"面板中将"纸飞机"图形移动到画面的左下方位置，如图 2-95 所示。单击"位置"属性名称左侧的"关键帧自动记录器"按钮◎，开始自动记录位置关键帧信息。

图 2-94　　　　　　　　　　　　　　　　图 2-95

按 Alt+Shift+P 组合键也可以实现上述操作，此组合键可以实现在任意地方添加或删除"位置"属性关键帧。

移动时间标签到 4∶24s 的位置，调整"位置"属性的 x 值和 y 值分别为 1164.0 和 98.0，或选择"选取"工具 ▶，在"合成"面板中将"纸飞机"图形移动到画面的右上方位置，在"时间轴"面板当前时间下，"位置"属性将自动添加一个关键帧，如图 2-96 所示；并在"合成"面板中显示动画路径，如图 2-97 所示。按 0 键，预览动画。

图 2-96 图 2-97

◎ 手动方式调整"位置"属性

选择"选取"工具 ▶，直接在"合成"面板中拖动图层。

在"合成"面板中拖动图层时，按住 Shift 键，以水平方向或垂直方向移动图层。

在"合成"面板中拖动图层时，按住 Alt+Shift 组合键，将使图层的边逼近合成图像边缘。

以 1 个像素点移动层可以使用上、下、左、右 4 个方向键实现；以 10 个像素点移动层可以在按住 Shift 键的同时按上、下、左、右 4 个方向键实现。

◎ 数字方式调整"位置"属性

当鼠标指针呈 ✋ 形状时，在参数值上按下鼠标并左右拖动可以修改位置值。

单击参数会出现输入框，可以在其中输入具体数值。输入框支持加、减法运算，如可以输入"+20"，在原来的轴向值上加上 20 像素，如图 2-98 所示；如果是减法，则输入"1184-20"。

在属性标题或参数值上单击鼠标右键，在弹出的菜单中执行"编辑值"命令，或按 Ctrl+Shift+P 组合键，弹出"位置"对话框。在该对话框中可以调整具体参数值，并且可以选择调整所依据的尺寸单位，如像素、英寸、毫米、%（源百分比）、%（合成百分比），如图 2-99 所示。

图 2-98 图 2-99

3. 加入"缩放"动画

在"时间轴"面板中，选中"02.png"图层，按 Shift 键的同时按 S 键，展开层的"缩放"属性，如图 2-100 所示。

图 2-100

　　将时间标签放置在 0s 的位置，在"时间轴"面板中，单击"缩放"属性名称左侧的"关键帧自动记录器"按钮，开始记录缩放关键帧信息，如图 2-101 所示。

图 2-101

　　　　按 Alt+Shift+S 组合键也可以实现上述操作，此快捷键还可以在任意地方添加或删除"缩放"属性关键帧。

　　把时间标签移动到 04：24s 的位置，将 x 轴向和 y 轴向缩放值分别调整为 130.0，130.0%，或者选择"选取"工具，在"合成"面板中拖曳层边框上的变换框进行缩放操作，如果同时按 Shift 键则可以实现等比缩放，还可以观察"信息"面板和"时间轴"面板中的"缩放"属性，了解表示具体缩放程度的数值，如图 2-102 所示。"时间轴"面板当前时间下的"缩放"属性会自动添加一个关键帧，如图 2-103 所示。按 0 键，预览动画。

图 2-102

图 2-103

◎　手动方式调整"缩放"属性

　　选择"选取"工具，直接在"合成"面板中拖曳图层边框上的变换框进行缩放操作，如果同时按住 Shift 键，则可以实现等比例缩放。

　　可以按住 Alt 键的同时，按+（加号）键以 1%递增缩放百分比，也可以在按住 Alt 键的同时，按－（减号）键以 1%递减缩放百分比；如果要以 10%为递增或者递减调整，只需要在按下上述快捷键的同时再按 Shift 键即可，如 Shift+Alt+－组合键。

◎　数字方式调整"缩放"属性

　　当鼠标指针呈形状时，在参数值上按下鼠标并左右拖动可以修改缩放值。

　　单击参数会出现输入框，可以在其中输入具体数值。输入框也支持加、减法运算。例如，可以输入"+3"，在原有的值上加上 3%；如果是减法，则输入"130-3"，如图 2-104 所示。

　　在属性标题或参数值上右击，在弹出的菜单中选择"编辑值"命令，在弹出的对话框中进行设置，如图 2-105 所示。

　　　　如果把"缩放"值变为负值，将实现图像翻转效果。

| 图 2-104 | 图 2-105 |

4. 制作"旋转"动画

在"时间轴"面板中选择"02.png"图层，在按住 Shift 键的同时，按 R 键，展开图层的"旋转"属性，如图 2-106 所示。

图 2-106

将时间标签放置在 0s 的位置，单击"旋转"属性名称左侧的"关键帧自动记录器"按钮 ，开始记录旋转关键帧信息。

> 按 Alt+Shift+R 组合键也可以实现上述操作，此组合键还可以在任意地方添加或删除"旋转"属性关键帧。

把时间标签移动到 04：24s 的位置，调整"旋转"属性值为"0×+180°"，旋转半圈，如图 2-107所示；或者选择"旋转"工具 ，在"合成"面板中以顺时针方向旋转图层，同时可以观察"信息"面板和"时间轴"面板中的"旋转"属性，了解具体旋转圈数和度数，效果如图 2-108 所示。按 0键，预览动画。

| 图 2-107 | 图 2-108 |

◎ 手动方式调整"旋转"属性

选择"旋转"工具 ，在"合成"面板中以顺时针方向或者逆时针方向旋转图层，如果同时按住

Shift 键，将以 45° 为调整幅度。

可以按数字键盘的+（加号）键以 1° 顺时针方向旋转图层，也可以按数字键盘的－（减号）键以 1° 逆时针方向旋转图层；如果要以 10° 旋转调整图层，只需要在按下上述快捷键的同时，再按 Shift 键即可，如 Shift+数字键盘的－组合键。

◎ 数字方式调整"旋转"属性

当鼠标指针呈 形状时，在参数值上左右拖曳鼠标可以修改旋转值。

单击参数会出现输入框，可以在输入框输入具体数值。输入框也支持加、减法运算，例如，可以输入"+2"，在原有的值上加上 2° 或者 2 圈（取决于是在度数输入框，还是圈数输入框中输入）；如果是减法，则输入"45−10"。

在属性标题或参数值上右击，在弹出的菜单中执行"编辑值"命令，或按 Ctrl+Shift+R 组合键，在弹出的对话框中调整具体参数值，如图 2-109 所示。

图 2-109

5. 了解"锚点"的功用

在"时间轴"面板中，选择"02.png"图层，在按住 Shift 键的同时按 A 键，展开"锚点"属性，如图 2-110 所示。

图 2-110

改变"锚点"属性中的第一个值为 0，或者选择"向后平移（锚点）"工具 ，在"合成"面板中单击并移动锚点，同时观察"信息"面板和"时间轴"面板中的"锚点"属性值，了解具体位置移动参数，如图 2-111 所示。按 0 键，预览动画。

图 2-111

提示

锚点的坐标是相对于图层而言的，而不是相对于合成图像而言的。

◎ 手动方式调整"锚点"属性

选择"向后平移（锚点）"工具 ，在"合成"面板中单击并移动轴心点。

在"时间轴"面板中双击图层，将图层在"图层"面板中打开，选择"选取"工具 或者选择"向后平移（锚点）"工具 ，单击并移动轴心点，如图 2-112 所示。

◎ 数字方式调整"锚点"属性

当光标呈 形状时，在参数值上按下鼠标并左右拖动可以修改锚点值。

单击参数会出现输入框，可以在其中输入具体数值。输入框也支持加、减法运算，例如，可以输入"+30"，在原有的值上加上 30 像素；如果是减法，则输入"360-30"。

在属性标题或参数值上单击鼠标右键，在弹出的菜单中选择"编辑值"命令，弹出"锚点"对话框，在对话框中调整具体参数值，如图 2-113 所示。

图 2-112　　　　　　　　　　　　　　　图 2-113

6. 添加透明度动画

在"时间轴"面板中，选择"02.png"图层，按 Shift+T 组合键，展开层的"不透明度"属性，如图 2-114 所示。

图 2-114

　　　按 Alt+Shift+T 组合键也可以实现上述操作，此组合键还可以在任意地方添加或删除"不透明度"属性关键帧。

将时间标签放置在 0s 的位置，将"不透明度"属性值调整为 100%，使层完全不透明。单击"不透明度"属性名称左侧的"关键帧自动记录器"按钮 ，开始记录不透明关键帧信息。

移动时间标签到 04：24s 的位置，调整"不透明度"属性值为 0%，使层完全透明，注意观察"时间轴"面板，当前时间下的"不透明度"属性会自动添加一个关键帧，如图 2-115 所示。按 0 键，预览动画。

图 2-115

◎　数字方式调整"透明度"属性

当光标呈🖑形状时，在参数值上按下鼠标并左右拖动可以修改不透明度值。

单击参数会出现输入框，可以在其中输入具体数值。输入框也支持加、减法运算，例如，可以输入"+20"，在原有的值上增加 20%；如果是减法，则输入"100-20"。

图 2-116

在属性标题或参数值上右击，在弹出的菜单中执行"编辑值"命令，或按 Ctrl+Shift+T 组合键，在弹出的对话框中调整具体参数值，如图 2-116 所示。

2.2.4　【实战演练】——制作图像运动效果

使用"导入"命令导入素材；使用"位置"属性制作波浪动画；使用"位置"属性、"缩放"属性和"不透明度"属性，制作最终效果。最终效果参看云盘中的"Ch02 > 制作图像运动效果 > 制作图像运动效果.aep"，如图 2-117 所示。

图 2-117

2.3　综合案例——制作线条运动效果

使用"粒子运动场"命令、"变换"命令、"快速模糊"命令制作线条效果，使用"缩放"属性制作缩放效果。最终效果参看云盘中的"Ch02 > 制作线条运动效果 > 制作线条运动效果.aep"，如图 2-118 所示。

扫 码 观 看
本案例视频

图 2-118

2.4 综合案例——制作圆圈运动效果

使用"导入"命令导入素材，使用"位置"属性制作箭头运动动画，使用"旋转"属性制作圆圈运动动画。最终效果参看云盘中的"Ch02 > 制作圆圈运动效果 > 制作圆圈运动效果.aep"，如图2-119 所示。

扫 码 观 看
本案例视频

图 2-119

03

第 3 章
制作蒙版动画

本章主要讲解了蒙版的功能，其中包括使用蒙版设计图形、调整蒙版图形形状、蒙版的变换、应用多个蒙版、编辑蒙版的多种方式等。通过对本章的学习，读者可以掌握蒙版的使用方法和应用技巧，并通过学习蒙版功能制作出绚丽的视频效果。

课堂学习目标

- ✔ 初步了解蒙版
- ✔ 掌握蒙版的设置和使用方法
- ✔ 掌握蒙版的基本操作方法

思政课堂

环境保护，人人有责

3.1 制作粒子文字效果

3.1.1 【训练目标】

建立新的合成并命名，使用"横排文字"工具输入并编辑文字，使用"Particular"命令制作粒子发散效果，使用"矩形"工具制作蒙版效果。最终效果参看云盘中的"Ch03 > 制作粒子文字效果 > 制作粒子文字效果.aep"，如图 3-1 所示。

扫 码 观 看
本案例视频

图 3-1

3.1.2 【案例操作】

1. 输入文字并制作粒子

步骤① 按 Ctrl+N 组合键，弹出"合成设置"对话框，在"合成名称"文本框中输入"文字"，其他选项的设置如图 3-2 所示，单击"确定"按钮，创建一个新的合成"文字"。

步骤② 选择"横排文字"工具 T，在"合成"面板输入英文"COLD CENTURY"，选中英文，在"文字"面板中设置"填充颜色"为白色，其他参数设置如图 3-3 所示。"合成"面板中的效果如图 3-4 所示。

| 图 3-2 | 图 3-3 | 图 3-4 |

步骤③ 再次创建一个新的合成并命名为"最终效果"，如图 3-5 所示。执行"文件 > 导入 > 文件"命令，弹出"导入文件"对话框，选择云盘中的"Ch03 > 制作粒子文字效果 >（Footage）> 01.avi"文件，单击"导入"按钮，导入"01.avi"文件，并将其拖曳到"时间轴"面板中，如图 3-6 所示。

步骤④ 选中"01.mp4"图层，按 S 键，展开"缩放"属性，设置"缩放"选项的数值为 74.0，74.0%，如图 3-7 所示。"合成"面板中的效果如图 3-8 所示。

图 3-5　　　　　　　　　　　　　　　　　　图 3-6

图 3-7　　　　　　　　　　　　　　　　　　图 3-8

步骤⑤　在"项目"面板中，选中"文字"合成并将其拖曳到"时间轴"面板中，单击"文字"图层左侧的眼睛按钮 ⊙，关闭该图层的可视性，如图 3-9 所示。单击"文字"图层右侧的"3D 图层"按钮 ⬢，如图 3-10 所示，打开三维属性。

图 3-9　　　　　　　　　　　　　　　　　　图 3-10

步骤⑥　在当前合成中新建一个黑色纯色图层"粒子 1"。选中"粒子 1"图层，执行"效果 > Trapcode > Particular"命令，展开"发射器"属性，在"效果控件"面板中设置参数，如图 3-11 所示。展开"粒子"属性，在"效果控件"面板中设置参数，如图 3-12 所示。

图 3-11　　　　　　　　　　　　　　　　　　图 3-12

步骤⑦ 展开"物理学"选项下的"气"属性，在"效果控件"面板中设置参数，如图 3-13 所示。展开"气"选项下的"扰乱场"属性，在"效果控件"面板中设置参数，如图 3-14 所示。

步骤⑧ 展开"渲染"选项下的"运动模糊"属性，单击"运动模糊"右边的下拉按钮，在弹出的下拉列表中选择"开"选项，如图 3-15 所示。设置完成后，在"时间轴"面板中自动生成一个灯光层，如图 3-16 所示。

图 3-13　　　　　　　　　　图 3-14　　　　　　　　　　图 3-15

图 3-16

步骤⑨ 选中"粒子 1"图层，将时间标签放置在 0s 的位置。在"时间轴"面板中分别单击"发射器"下的"粒子数量/秒"，"物理学/气"下的"旋转幅度"，以及"扰乱场"下的"影响尺寸"和"影响位置"选项左侧的"关键帧自动记录器"按钮 🕓 ，如图 3-17 所示，记录第 1 个关键帧。

步骤⑩ 在"时间轴"面板中，将时间标签放置在 01：00s 的位置。设置"粒子数量/秒"选项的数值为 0，"旋转幅度"选项的数值为 50.0，"影响尺寸"选项的数值为 20.0，"影响位置"选项的数值为 500.0，如图 3-18 所示，记录第 2 个关键帧。

图 3-17　　　　　　　　　　　　　　　図 3-18

步骤⑪ 将时间标签放置在 03：00s 的位置。在"时间轴"面板中"旋转幅度"选项的数值为 30.0，"影响尺寸"选项的数值为 5.0，"影响位置"选项的数值为 5.0，如图 3-19 所示，记录第 3 个关键帧。

图 3-19

2. 制作形状蒙版

步骤① 在"项目"面板中，选中"文字"合成，并将其拖曳到"时间轴"面板中，将时间标签放置在 02：00s 的位置，按 [键设置动画的入点，如图 3-20 所示。在"时间轴"面板中选中"图层 1"图层，选择"矩形"工具█，在"合成"面板中拖曳鼠标绘制一个矩形蒙版，如图 3-21 所示。

图 3-20　　　　　　　　　　　　　　图 3-21

步骤② 选中"图层 1"图层，按 M 键两次展开"蒙版"属性。单击"蒙版路径"选项左侧的"关键帧自动记录器"按钮🕒，如图 3-22 所示，记录第 1 个"蒙版路径"关键帧。将时间标签放置在 04：00s 的位置。选择"选取"工具▶，在"合成"面板中，同时选中"蒙版形状"右边的两个控制点，将控制点向右拖曳到如图 3-23 所示的位置，在 04：00s 的位置再次记录 1 个关键帧。

图 3-22　　　　　　　　　　　　　　图 3-23

步骤③ 在当前合成中新建一个黑色纯色图层"粒子 2"。选中"粒子 2"图层，执行"效果 > Trapcode > Particular"命令，展开"发射器"属性，在"效果控件"面板中设置参数，如图 3-24 所示。展开"粒子"属性，在"效果控件"面板中设置参数，如图 3-25 所示。

步骤④ 展开"物理学"属性，设置"重力"选项的数值为-100.0，展开"气"属性，在"效果控件"面板中设置参数，如图 3-26 所示。

图 3-24   图 3-25   图 3-26

步骤⑤ 展开"扰乱场"属性，在"效果控件"面板中设置参数，如图 3-27 所示。展开"渲染"选项下的"运动模糊"属性，单击"运动模糊"右边的下拉按钮，在弹出的下拉列表中选择"开"选项，如图 3-28 所示。

图 3-27   图 3-28

步骤⑥ 在"时间轴"面板中，将时间标签放置在 0s 的位置，在"时间轴"面板中，分别单击"发射器"下的"粒子数量/秒"和"位置 XY"选项左侧的"关键帧自动记录器"按钮 ，记录第 1 个关键帧，如图 3-29 所示。在"时间轴"面板中，将时间标签放置在 02：00s 的位置，在"时间轴"面板中，设置"粒子数量/秒"选项的数值为 5000，"位置 XY"选项的数值为 213.3, 350.0，如图 3-30所示，记录第 2 个关键帧。

图 3-29   图 3-30

步骤❼ 在"时间轴"面板中，将时间标签放置在 03：00s 的位置，在"时间轴"面板中，设置"粒子数量/秒"选项的数值为 0，"位置 XY"选项的数值为 1066.7，350.0，如图 3-31 所示，记录第 3 个关键帧。

图 3-31

步骤❽ 粒子文字制作完成，如图 3-32 所示。

图 3-32

3.1.3 【相关知识】

1. 初步了解蒙版

蒙版是由一个封闭的贝塞尔曲线构成的路径轮廓，轮廓之内或之外的区域就是抠像的依据，如图 3-33 所示。

图 3-33

思政课堂 03

提示

　　虽然蒙版是由路径组成的，但千万不要误认为路径只用来创建蒙版，它还可以用在描绘勾边效果处理、沿路径制作动画效果等方面。

2. 使用蒙版设计图形

步骤❶ 在"项目"面板中单击鼠标右键，在弹出的列表中执行"新建合成"命令，弹出"合成设置"对话框，在"合成名称"文本框中输入"蒙版"，其他选项的设置如图 3-34 所示，设置完成后，单击"确定"按钮。

步骤❷ 在"项目"面板中双击鼠标左键，在弹出的"导入文件"对话框中，选择云盘中的"基础素材 > Ch03 > 02.jpg ~ 05.jpg"文件，单击"打开"按钮，文件被导入"项目"面板中，如图 3-35 所示。

图 3-34 图 3-35

步骤❸ 在"项目"面板中保持文件的选取状态，将其拖曳到"时间轴"面板中，单击"05.jpg"图层和"04.jpg"图层左侧的"眼睛"按钮 ，将其隐藏，如图 3-36 所示。选中"03.jpg"图层，选择"椭圆"工具 ，在"合成"面板中拖曳鼠标绘制圆形蒙版，效果如图 3-37 所示。

图 3-36 图 3-37

步骤❹ 选中"04.jpg"图层，并单击此图层左侧的方框，显示图层，如图 3-38 所示。选择"星形"工具 ，在"合成"面板中拖曳鼠标绘制星形蒙版，效果如图 3-39 所示。

图 3-38 图 3-39

步骤⑤ 选中 "05.jpg" 图层，并单击此图层左侧的方框，显示图层，如图 3-40 所示。选择 "钢笔"
工具，在 "合成" 面板心形的轮廓中进行绘制，如图 3-41 所示。

图 3-40   图 3-41

3. 调整蒙版图形形状

选择 "钢笔" 工具，在 "合成" 面板绘制蒙版图形，如图 3-42 所示。使用 "转换'顶点'"
工具，单击一个节点，该节点处的线段转换为折角；在节点处拖曳鼠标可以拖出调节手柄，拖动调
节手柄，可以调整线段的弧度，如图 3-43 所示。

图 3-42   图 3-43

使用 "添加'顶点'" 工具和 "删除'顶点'" 工具添加或删除节点。选择 "添加'顶点'"
工具，将鼠标移动到需要添加节点的线段处单击，该线段会添加一个节点，如图 3-44 所示；选择
"删除'顶点'" 工具，单击任意节点，则节点被删除，如图 3-45 所示。

图 3-44   图 3-45

使用 "蒙版羽化" 工具可以对蒙版进行羽化。选择 "蒙版羽化" 工具，将鼠标移动到该线段
上，鼠标指针变为时，如图 3-46 所示，单击添加一个控制点。拖曳该控制点可以对蒙版进行羽化，

如图 3-47 所示。

图 3-46 图 3-47

4. 蒙版的变换

选择"选取"工具▶，在蒙版边线上双击鼠标，会创建一个蒙版控制框，将鼠标指针移动到边框的右上角，出现旋转光标↰，拖动鼠标可以对整个蒙版图形进行旋转，如图 3-48 所示；将鼠标移动到边线中心点的位置，出现双向键头↕时，拖动鼠标，可以调整该边框的位置，如图 3-49 所示。

图 3-48 图 3-49

3.1.4 【实战演练】——制作动感相册效果

使用"导入"命令导入素材，使用"矩形"工具和"椭圆"工具制作蒙版，使用关键帧制作蒙版动画效果。最终效果参看云盘中的"Ch03 > 制作动感相册效果 > 制作动感相册效果.aep"，如图 3-50 所示。

图 3-50

3.2　制作图片破碎效果

3.2.1　【训练目标】

使用"渐变"命令制作渐变效果，使用"矩形"工具制作蒙版效果，使用"碎片"命令制作图片粒子破碎效果。最终效果参看云盘中的"Ch03 > 制作图片破碎效果 > 制作图片破碎效果.aep"，如图 3-51 所示。

扫码观看
本案例视频

图 3-51

3.2.2　【案例操作】

步骤❶ 按 Ctrl+N 组合键，弹出"合成设置"对话框，在"合成名称"文本框中输入"渐变条"，其他选项的设置如图 3-52 所示，单击"确定"按钮，创建一个新的合成"渐变条"。执行"图层 > 新建 > 纯色"命令，弹出"纯色设置"对话框，在"名称"文本框中输入"渐变条"，将"颜色"设置为黑色，单击"确定"按钮，在"时间轴"面板中新增一个黑色纯色图层，如图 3-53 所示。

图 3-52

图 3-53

步骤❷ 选中"渐变条"图层，执行"效果 > 生成 > 梯度渐变"命令，在"效果控件"面板中，设置"起始颜色"为黑色，"结束颜色"为白色，其他参数设置如图 3-54 所示，设置完成后，"合成"面板中的效果如图 3-55 所示。

图 3-54　　　　　　　　　　图 3-55

步骤❸ 选择"矩形"工具 ▇，在"合成"面板中拖曳鼠标绘制一个矩形蒙版，如图 3-56 所示。按 Ctrl+N 组合键，弹出"合成设置"对话框，在"合成名称"文本框中输入"噪波"，单击"确定"按钮，创建一个新的合成"噪波"。执行"图层 > 新建 > 纯色"命令，弹出"纯色设置"对话框，在"名称"文本框中输入"噪波"，将"颜色"设置为黑色，单击"确定"按钮，在"时间轴"面板中新增一个黑色纯色图层，如图 3-57 所示。

图 3-56　　　　　　　　　　图 3-57

步骤❹ 选中"噪波"图层，执行"效果 > 杂色和颗粒 > 杂色"命令，在"效果控件"面板中设置参数，如图 3-58 所示。"合成"面板中的效果如图 3-59 所示。

图 3-58　　　　　　　　　　图 3-59

步骤❺ 按 Ctrl+N 组合键，弹出"合成设置"对话框，在"合成名称"文本框中输入"图片"，单击"确定"按钮，创建一个新的合成"图片"。执行"文件 > 导入 > 文件"命令，在弹出的"导入文件"对话框中，选择云盘中的"Ch03 > 制作图片破碎效果 > (Footage) > 01.jpg"文件，如图 3-60 所示，单击"导入"按钮，导入文件，并将其拖曳到"时间轴"面板中，如图 3-61 所示。

图 3-60　　　　　　　　　　　　　图 3-61

步骤 ⑥　选中"01.jpg"图层，按 S 键，展开"缩放"属性，设置"缩放"选项的数值为 110.0，110.0%，如图 3-62 所示。"合成"面板中的效果如图 3-63 所示。

图 3-62　　　　　　　　　　　　　图 3-63

步骤 ⑦　按 Ctrl+N 组合键，弹出"合成设置"对话框，在"合成名称"文本框中输入"最终效果"，单击"确定"按钮，创建一个新的合成"最终效果"。在"项目"面板中，选中"渐变条""噪波"和"图片"合成，并将其拖曳到"时间轴"面板中，层的排列如图 3-64 所示。单击"渐变条"和"噪波"图层左侧的眼睛按钮 ，关闭"渐变条"和"噪波"两层的可视性，如图 3-65 所示。

图 3-64　　　　　　　　　　　　　图 3-65

步骤 ⑧　选中"图片"图层，执行"效果 > 模拟 > 碎片"命令，在"效果控件"面板中，将"视图"设置为"已渲染"模式，展开"形状""作用力 1"属性，在"效果控件"面板中进行参数设置，如图 3-66 所示。"合成"面板中的效果如图 3-67 所示。

图 3-66　　　　　　　　　　　　　图 3-67

步骤⑨ 展开"渐变""物理学"和"摄像机位置"属性，在"效果控件"面板中进行参数设置，如图 3-68 所示。"合成"面板中的效果如图 3-69 所示。

图 3-68　　　　　　　　　　　　　　　　图 3-69

步骤⑩ 将时间标签放置在 0s 的位置，在"效果控件"面板中，分别单击"渐变"下的"碎片阈值"，"物理学"下的"重力"，"摄像机位置"下的"X 轴旋转""Y 轴旋转""Z 轴旋转"和"焦距"选项左侧的"关键帧自动记录器"按钮 ⏱，如图 3-70 和图 3-71 所示，记录第 1 个关键帧。

图 3-70　　　　　　　　　　　　　　　　图 3-71

步骤⑪ 将时间标签放置在 03：10s 的位置，在"效果控件"面板中，设置"碎片阈值"选项的数值为 100%，"重力"选项的数值为 2.70，如图 3-72 所示；"X 轴旋转"选项的数值为 0x-60.0°，"Y 轴旋转"选项的数值为 0x-45.0°，"Z 轴旋转"选项的数值为 0x+15.0°，"焦距"选项的数值为 100.00，如图 3-73 所示，记录第 2 个关键帧。

图 3-72　　　　　　　　　　　　　　　　图 3-73

步骤⑫ 将时间标签放置在 04：24s 的位置，在"效果控件"面板中，设置"重力"选项的数值为 100.00，如图 3-74 所示，记录第 3 个关键帧。图片破碎效果制作完成，如图 3-75 所示。

图 3-74　　　　　　　　　　　　　　　　　　图 3-75

3.2.3 【相关知识】

1. 编辑蒙版的多种方式

"工具"面板中除了创建"蒙版"工具以外，还提供了多种修整编辑"蒙版"的工具。

"选取"工具▶：使用此工具可以在"合成"面板或者"图层"面板中选择和移动路径点或者整个路径。

"添加'顶点'"工具▶：使用此工具可以增加路径上的节点。

"删除'顶点'"工具▶：使用此工具可以减少路径上的节点。

"转换'顶点'"工具▶：使用此工具可以改变路径的曲率。

"蒙版羽化"工具▶：使用此工具可以改变蒙版边缘的柔化。

由于在"合成"面板中可以看到很多图层，所以如果在其中调整蒙版很有可能遇到干扰，不方便操作。建议双击目标图层，然后在"图层"面板中对蒙版进行各种操作。

◎ 点的选择和移动

使用"选取"工具▶，选中目标图层，然后单击路径上的节点，可以通过拖曳鼠标或利用键盘上的方向键来实现位置移动；如果要取消选择，只需要在空白处单击鼠标即可。

◎ 线的选择和移动

使用"选取"工具▶，选中目标图层，然后单击路径上两个节点之间的线，可以通过拖曳鼠标或利用键盘上的方向键来实现位置移动；如果要取消选择，只需要在空白处单击鼠标即可。

◎ 多个点或者多条线的选择、移动、旋转和缩放

使用"选取"工具▶，选中目标图层，首先单击路径上第一个点或第一条线，然后在按住 Shift 键的同时，单击其他的点或者线，达到同时选择的目的。也可以通过拖曳一个选区，用框选的方法进行多点、多线的选择，或者是全部选择。

同时选中这些点或者线之后，在被选的对象上双击鼠标就可以形成一个控制框。在这个边框中，可以非常方便地进行位置移动、旋转或者缩放等操作，如图 3-76、图 3-77 和图 3-78 所示。

图 3-76

图 3-77

图 3-78

全选路径的快捷方法描述如下。

利用鼠标框选的方法，将路径全选，但是不会出现控制框，如图 3-79 所示。

按住 Alt 键的同时单击路径，即可完成路径的全选，但是同样不会出现控制框。

在没有选择多个节点的情况下，在路径上双击鼠标，即可全选路径，并出现一个控制框。

在"时间轴"面板中，选中有"蒙版"的图层，按 M 键，展开"蒙版路径"属性，单击该属性的名称或"蒙版"名称即可全选路径，此方法也不会出现控制框，如图 3-80 所示。

图 3-79

图 3-80

> 提示
>
> 将节点全部选中，执行"图层 > 蒙版和形状路径 > 自由变换点"命令，或按 Ctrl+T 组合键会出现控制框。

◎ 多个蒙版上下图层的调整

当图层中含有多个蒙版时，就存在上下层的关系，此关系关联到非常重要的部分——蒙版混合模式的选择，因为 After Effects 处理多个蒙版的先后次序是从上至下的，所以上下关系的排列直接影响最终的混合效果。

在"时间轴"面板中，直接选中某个蒙版的名称，然后上下拖曳即可改变层次，如图 3-81 所示。

图 3-81

在"合成"面板或者"图层"面板中，选中一个蒙版，然后执行以下菜单命令，调整蒙版层次。

执行"图层 > 排列 > 将蒙版置于顶层"命令，或按 Ctrl+Shift+] 组合键，将选中的蒙版放置到顶层。

执行"图层 > 排列 > 将蒙版前移一层"命令，或按 Ctrl+] 组合键，将选中的蒙版往上移动一层。

执行"图层 > 排列 > 将蒙版后移一层"命令，或按 Ctrl + [组合键，将选中的蒙版往下移动一层。

执行"图层 > 排列 > 将蒙版置于底层"命令，或按 Ctrl+ Shift+ [组合键，将选中的蒙版放置到底层。

2. 在"时间轴"面板中调整蒙版的属性

蒙版不是一个简单的轮廓，在"时间轴"中，可以对蒙版的其他属性进行详细设置和动画处理。

单击图层标签颜色左侧的小箭头按钮，展开图层属性，其中如果图层上含有蒙版，就可以看到蒙版，单击蒙版名称左侧的小箭头按钮，即可展开各个蒙版路径，单击其中任意一个蒙版路径颜色左侧的小箭头按钮，即可展开关于此蒙版路径的属性，如图 3-82 所示。

图 3-82

 提示

选中某图层，连续按两次 M 键，可展开此层蒙版路径的所有属性。

◎ 蒙版路径颜色设置

设置蒙版路径颜色：单击"蒙版颜色"按钮，可以弹出"颜色"对话框，选择适合的颜色加以区别。

设置蒙版路径名称：按 Enter 键即可出现修改输入框，修改完成后再次按 Enter 键。

设置蒙版混合模式：当本图层含有多个蒙版时，可以在此选择各种混合模式。需要注意的是多个蒙版的上下层次关系对混合模式产生的最终效果有很大影响。After Effects 处理过程是从上至下地逐一处理。

无：选择此模式，路径将不起到蒙版作用，仅作为路径存在，作为勾边、光线动画或者路径动画的依据，如图 3-83 和图 3-84 所示。

图 3-83

图 3-84

相加：蒙版相加模式，将当前蒙版区域与其上的蒙版区域进行相加处理，对于蒙版重叠处的不透明度，则采取在非重叠不透明度的基础上以相加的方式处理。例如，某蒙版作用前，蒙版重叠区域画面的不透明度为 50%，如果当前蒙版的不透明度是 50%，那么运算后最终得出的蒙版重叠区域画面的不透明度是 70%，如图 3-85 和图 3-86 所示。

图 3-85 | 图 3-86

相减：蒙版相减模式，将当前蒙版中所有蒙版组合的结果相减，当前蒙版区域内容不显示。如果同时调整蒙版的不透明度，则不透明度越大，蒙版重叠区域内越透明，因为相减混合完全起作用；不透明度越低，蒙版重叠区域内变得越不透明，相减混合越来越弱，如图 3-87（上下两个蒙版不透明度均为 100% 的情况）、图 3-88 所示。例如，某蒙版作用前，蒙版重叠区域画面的不透明度为 80%，如果设置当前蒙版的不透明度为 50%，那么运算后最终得出的蒙版重叠区域画面的不透明度为 40%，如图 3-89（上面蒙版的不透明度为 80%，下面蒙版的不透明度为 50% 的情况）和图 3-90 所示。

图 3-87 | 图 3-88

图 3-89 | 图 3-90

交集：采取交集方式混合蒙版，只显示当前蒙版与上面所有蒙版组合的结果相交部分的内容，相交区域内的透明度是在上面蒙版的基础上再进行一个百分比运算，如图 3-91（上下两个蒙版不透明度都为 100% 的情况）和图 3-92 所示。例如，某蒙版作用前，蒙版重叠画面的不透明度为 60%，如果设置当前蒙版的不透明度为 50%，那么运算后最终得出的画面的不透明度为 30%，如图 3-93（上面蒙版的不透明度为 60%，下面蒙版的不透明度为 50% 的情况）和图 3-94 所示

图 3-91　　　　　　　　　　　　　　　　　图 3-92

图 3-93　　　　　　　　　　　　　　　　　图 3-94

变亮：对于可视区域范围来说，此模式与"相加"模式一样，但是对于蒙版重叠处的不透明度，则采用较高的不透明度。例如，某蒙版作用前，蒙版的重叠区域画面的不透明度为 60%，如果设置当前蒙版的不透明度为 80%，则运算后最终得出的蒙版重叠区域画面的不透明度为 80%，如图 3-95 和图 3-96 所示。

图 3-95　　　　　　　　　　　　　　　　　图 3-96

变暗：对于可视区域范围来说，此模式与"相减"交集模式一样，但是对于蒙版重叠处的不透明度，则采用较低的不透明度。例如，某蒙版作用前，重叠区域画面的不透明度是 40%，如果当前设置蒙版的不透明度为 100%，则运算后最终得出的蒙版重叠区域画面的不透明度为 40%，如图 3-97 和图 3-98 所示。

图 3-97 图 3-98

差值：对于可视区域来说，此模式采取的是并集减交集的方式。也就是说，先将当前蒙版与上面所有蒙版组合的结果进行并集运算，然后将当前蒙版与上面所有蒙版组合的结果相交部分相减。关于不透明度，与上面蒙版结果未相交部分采取当前蒙版的不透明度设置，相交部分采用两者之间的差值，如图 3-99（上下两个蒙版不透明度都为 100% 的情况）和图 3-100 所示。例如，某蒙版作用前，重叠区域画面的不透明度为 40%，如果设置当前蒙版的不透明度为 60%，则运算后最终得出的遮罩重叠区域画面的不透明度为 20%。当前蒙版未重叠区域的不透明度为 60%，如图 3-101（上面蒙版的不透明度为 40%，下面蒙版的透明度为 60% 的情况）和图 3-102 所示。

图 3-99 图 3-100

图 3-101 图 3-102

反转：将蒙版进行反向处理，如图 3-103（未激活反转时的状况）和图 3-104（激活了反转时的状况）所示。

图 3-103

图 3-104

◎ 设置蒙版动画的属性区

在此可以设置关键帧动画处理的蒙版属性。

蒙版路径：蒙版形状设置，单击右侧的"形状"文字按钮，可以弹出"蒙版形状"对话框，执行"图层 > 蒙版 > 蒙版形状"命令也可打开该对话框。

蒙版羽化：蒙版羽化控制，可以通过羽化蒙版得到更自然的融合效果，并且 x 轴和 y 轴可以有不同的羽化程度。单击████按钮，可以将两个轴锁定和释放，如图 3-105 所示。

蒙版不透明度：调整蒙版的不透明度，如图 3-106（透明度为 100% 的情况）和图 3-107（透明度为 50% 的情况）所示。

图 3-105

图 3-106

图 3-107

蒙版扩展：调整蒙版的扩展程度，正值为扩展蒙版区域，负值为收缩蒙版区域，如图 3-108（遮罩扩展设置为 40 的情况）和图 3-109（遮罩扩展设置为 -40 的情况）所示。

图 3-108

图 3-109

3. 用蒙版制作动画

步骤 ① 在"时间轴"面板中，选择图层，选择"工具"面板中的"椭圆"工具████，在"合成"面板中，拖曳鼠标绘制 1 个圆形蒙版，如图 3-110 所示。

步骤 ② 在"工具"面板中选择"添加'顶点'"工具████，在刚刚绘制的圆形蒙版上添加 4 个节点，如图 3-111 所示。

图 3-110

图 3-111

步骤③ 选择"选取"工具 ，以框选的形式选择新添加的节点，如图 3-112 所示，按住 Shift 键的同时，框选其他新添加的节点。执行"图层 > 蒙版和形状路径 > 自由变换点"命令，出现控制框，如图 3-113 所示。

图 3-112

图 3-113

步骤④ 按住 Ctrl+Shift 组合键的同时，将右上角的控制点向左下方拖曳，效果如图 3-114 所示。

步骤⑤ 调整完成后，按 Enter 键。在"时间轴"面板中，按两次 M 键，展开蒙版的所有属性，单击"蒙版路径"属性左侧的"关键帧自动记录器"按钮 ，生成第 1 个关键帧，如图 3-115 所示。

图 3-114

图 3-115

步骤⑥ 将当前时间标签移动到 03：00s 的位置，选择最外侧的 4 个节点，如图 3-116 所示，按 Ctrl+T 组合键，出现控制框，按住 Ctrl+Shift 组合键的同时，将右上角的控制点向左下方拖曳，效果如图 3-117 所示。

图 3-116

图 3-117

步骤⑦　调整完成后，按 Enter 键。在"时间轴"面板中，"蒙版路径"属性自动生成第 2 个关键帧，如图 3-118 所示。

图 3-118

步骤⑧　执行"效果 > 生成 > 描边"命令，在"效果控件"面板中进行设置，为蒙版路径添加描边效果，如图 3-119 所示。

步骤⑨　执行"效果 > 风格化 > 发光"命令，在"效果控件"面板中进行设置，为蒙版路径添加发光效果，如图 3-120 所示。

图 3-119

图 3-120

步骤⑩　按 0 键，预览蒙版动画，按任意键结束预览。

步骤⑪　在"时间轴"面板中单击"蒙版路径"属性名称，同时选中两个关键帧，如图 3-121 所示。

步骤⑫　执行"窗口 > 蒙版插值"命令，打开"蒙版插值"面板，在面板中进行设置，如图 3-122 所示。

图 3-121

图 3-122

其中，关键帧速率：决定每秒内在两个关键帧之间产生多少个关键帧。

"关键帧"字段（双重比例）：勾选此复选框，关键帧数目会增加到"关键帧速率"中设定的 2 倍，因为关键帧是按场计算的。还有一种情况会在场中生成关键帧，那就是当"关键帧速率"大于合成项目的帧速率时。

使用"线性"顶点路径：勾选此复选框，路径会沿着直线运动，否则沿曲线运动。

抗弯强度：在节点变化过程中，可以设定该值是采用拉伸的方式还是弯曲的方式处理节点变化，此值越高，越不宜采用弯曲的方式。

品质：设置蒙版质量。如果值为 0，那么第一个关键帧的点必须对应第二个关键帧中编号相同的顶点匹配。例如，第一个关键帧的第 8 个点，必须对应第二个关键帧的第 8 个点变化。如果值为 100%，那么第一个关键帧的点可以模糊地对应第二个关键帧的任何点。这样，值越高，得到的动画效果越平滑、越自然，但是计算的时间越长。

添加蒙版路径顶点：勾选此复选框，将在变化过程中自动增加蒙版节点。"顶点间的像素值"设置每隔多少像素增加一个节点，如果前面的数值设置为 18，则每隔 18 像素增加一个节点。"总顶点数"决定节点的总数，如果前面的数值设为 60，则由 60 个节点组成一个蒙版。"轮廓的百分比"以蒙版周长的百分比距离放置节点，如果前面的数值设置为 5，则表示每隔 5% 蒙版周长的距离放置一个节点，最后遮罩将由 20 个节点构成；如果设置为 1%，则最后蒙版将由 100 个节点构成。

配合法：将一个蒙版路径上的顶点与另一个路径上的顶点进行匹配的算法。分别有 3 个选项："自动"，表示自动处理；"曲线"，当蒙版路径上有曲线时，选用此选项；"多角线"，当蒙版路径上没有曲线时，选用此选项。

使用 1∶1 顶点匹配：使用 1∶1 的对应方式，如果前后两个关键帧中的遮罩的节点数目相同，则此复选框将强制节点绝对对应，即第 1 个节点对应第 1 个节点，第 2 个节点对应第 2 个节点，但是如果节点数目不同，就会出现一些无法预料的效果。

第一顶点匹配：决定是否强制起始点对应。

步骤 ⑬ 单击"应用"按钮进行设置，按 0 键，预览优化后的蒙版动画。

3.2.4 【实战演练】——制作图文出现效果

使用"导入"命令导入素材，使用"矩形"工具添加蒙版效果，使用"蒙版路径"属性添加关键帧制作动画效果，使用"效果预置"面板中的"随机拖入"命令制作文字动画效果。最终效果参看云盘中的"Ch03 > 制作图文出现效果 > 制作图文出现效果.aep"，如图 3-123 所示。

图 3-123

3.3 综合案例——制作线条流动效果

使用"钢笔"工具绘制线条效果，使用"3D Stroke"命令制作线条描边动画，使用"发光"命令制作线条发光效果，使用"Starglow"命令制作线条流光效果。最终效果参看云盘中的"Ch03 > 制作线条流动效果 > 制作线条流动效果.aep"，如图 3-124 所示。

图 3-124

3.4 综合案例——制作调色效果

使用"色阶"命令调整图像的亮度，使用"定向模糊"命令调整图像的模糊度，使用"钢笔"工具添加蒙版效果，使用"模式"选项设置图层混合模式。最终效果参看云盘中的"Ch03 > 制作调色效果 > 制作调色效果.aep"，如图 3-125 所示。

图 3-125

04

第 4 章
应用时间轴制作效果

应用时间轴制作效果是 After Effects 的重要功能，本章详细讲解了时间轴、重置时间、理解关键帧概念、关键帧的基本操作等内容。读者通过学习本章内容，能够应用时间轴制作视频效果。

课堂学习目标

✔ 掌握时间轴和重置时间的操作方法
✔ 理解关键帧的概念
✔ 掌握关键帧的基本操作方法

思政课堂

竞争精神

4.1   制作粒子汇集文字效果

4.1.1   【训练目标】

　　使用"横排文字"工具编辑文字，使用"CC 像素多边形"命令制作粒子文字特效，使用"发光"命令、"Shine"命令制作文字发光效果，使用"时间伸缩"命令制作动画倒放效果。最终效果参看云盘中的"Ch04 > 制作粒子文字效果 > 制作粒子文字效果.aep"，如图 4-1 所示。

图 4-1

4.1.2   【案例操作】

1. 输入文字并添加效果

步骤❶ 按 Ctrl+N 组合键，弹出"合成设置"对话框，在"合成名称"文本框中输入"粒子发散"，其他选项的设置如图 4-2 所示，单击"确定"按钮，创建一个新的合成"粒子发散"。

步骤❷ 选择"横排文字"工具 T，在"合成"面板输入文字"午夜都市"。选中文字，在"字符"面板中设置文字参数，如图 4-3 所示。"合成"面板中的效果如图 4-4 所示。

图 4-2

图 4-3

图 4-4

步骤❸ 选中"文字"图层，执行"效果 > 模拟 > CC Pixel Polly"命令，在"效果控件"面板中进行参数设置，如图 4-5 所示。"合成"面板中的效果如图 4-6 所示。

图 4-5

图 4-6

步骤④ 将时间标签放置在 0s 的位置，在"效果控件"面板中，单击"Force"选项左侧的"关键帧自动记录器"按钮，如图 4-7 所示，记录第 1 个关键帧。将时间标签放置在 04：24s 的位置，在"效果控件"面板中，设置"Force"选项的数值为-0.6，如图 4-8 所示，记录第 2 个关键帧。

图 4-7   图 4-8

步骤⑤ 将时间标签放置在 03：00s 的位置，在"效果控件"面板中，单击"Gravity"选项左侧的"关键帧自动记录器"按钮，如图 4-9 所示，记录第 1 个关键帧。将时间标签放置在 04：00s 的位置，在"效果控件"面板中，设置"Gravity"选项的数值为 3.00，如图 4-10 所示，记录第 2 个关键帧。

图 4-9   图 4-10

步骤⑥ 将时间标签放置在 0s 的位置，执行"效果 > 风格化 > 发光"命令，在"效果控件"面板中，设置"颜色 A"为红色（其 R、G、B 的值分别为 255、0、0），"颜色 B"为橙黄色（其 R、G、B 的值分别为 255、114、0），其他参数设置如图 4-11 所示。"合成"面板中的效果如图 4-12 所示。

图 4-11   图 4-12

步骤⑦ 执行"效果 > Trapcode > Shine"命令，在"效果控件"面板中进行参数设置，如图 4-13 所示。"合成"面板中的效果如图 4-14 所示。

图 4-13　　　　　　　　　　　　　　　　图 4-14

2. 制作动画倒放效果

步骤❶ 按 Ctrl+N 组合键，弹出"合成设置"对话框，在"合成名称"文本框中输入"粒子汇集"，其他选项的设置如图 4-15 所示，单击"确定"按钮，创建一个新的合成"粒子汇集"。

步骤❷ 执行"文件 > 导入 > 文件"命令，在弹出的"导入文件"对话框中，选择云盘中的"Ch04 > 粒子汇集文字 > (Footage) > 01.mp4"文件，单击"导入"按钮，文件被导入"项目"面板中。在"项目"面板中选中"粒子发散"合成和"01.mp4"文件，将它们拖曳到"时间轴"面板中，图层的排列如图 4-16 所示。

图 4-15　　　　　　　　　　　　　　　　图 4-16

步骤❸ 选中"粒子发散"图层，执行"图层 > 时间 > 时间伸缩"命令，弹出"时间伸缩"对话框，设置"拉伸因数"选项的数值为-100%，如图 4-17 所示，单击"确定"按钮。时间标签自动移到 0s 位置，如图 4-18 所示。

图 4-17　　　　　　　　　　　　　　　　图 4-18

步骤④ 按 [键将素材对齐，如图 4-19 所示，实现倒放功能。粒子文字效果制作完成，如图 4-20 所示。

图 4-19　　　　　　　　　　　　　　　　　　　图 4-20

4.1.3　【相关知识】

1. 使用时间轴控制速度

执行"文件 > 打开项目"命令，或按 Ctrl+O 组合键，在弹出的"打开"对话框中选择云盘中的"基础素材 > Ch04 > 小视频 > 小视频.aep"文件，单击"打开"按钮，打开文件。

在"时间轴"面板中，单击 按钮，展开时间"伸缩"属性，如图 4-21 所示。"伸缩"属性可以加快或减慢动态素材的播放时间，默认情况下伸缩值为 100.0%，代表以正常速度播放片段；小于 100.0%时，会加快播放速度；大于 100.0%时，将减慢播放速度。不过时间伸缩不可以形成关键帧，因此不能制作时间速度变化的动画效果。

图 4-21

2. 设置声音的时间轴属性

除了视频，在 After Effects 中还可以对音频应用伸缩功能。调整音频图层中的伸缩值，可以听到声音的变化，如图 4-22 所示。

图 4-22

如果某个素材图层同时包含音频和视频信息，在调整伸缩速度时，如果只希望影响视频信息，音频信息以正常速度播放，就需要将该素材图层复制一份。在两个图层中，一个关闭视频信息，但保留音频部分，不改变伸缩速度；另一个关闭音频信息，保留视频部分，调整伸缩速度。

3. 使用"入"和"出"面板

"入"和"出"面板可以方便地控制图层的入点信息和出点信息，不过它还隐藏了一些快捷功能，通过这些功能同样可以改变伸缩值进而改变素材片段的播放速度。

在"时间轴"面板中，调整当前时间标签到某个时间位置，在按住 Ctrl 键的同时，单击入点或者出点参数，即可改变素材片段播放速度，如图 4-23 所示。

图 4-23

4. 时间轴上的关键帧

如果素材图层上已经制作了关键帧动画，那么在改变其伸缩值时，不仅会影响其本身的播放速度，关键帧之间的时间距离也会随之改变。例如，将伸缩值设置为 50%，原来关键帧之间的距离就会缩短一半，关键帧动画播放速度同样会加快一倍，如图 4-24 所示。

图 4-24

如果不希望在改变伸缩值时，影响关键帧的时间位置，则需要全选当前图层的关键帧，然后执行"编辑 > 剪切"命令，或按 Ctrl+X 组合键，暂时将关键帧信息剪切到系统剪贴板中，调整伸缩值，在改变素材图层的播放速度后，选取使用关键帧的属性，再执行"编辑 > 粘贴"命令，或按 Ctrl+V 组合键，将关键帧粘贴回当前图层。

5. 颠倒时间

在视频节目中，经常会看到倒放的动态影像，利用伸缩属性可以很方便地实现这一点，把伸缩值调整为负值即可。例如，保持片段原来的播放速度，实现倒放，可以将伸缩值设置为-100%，如图 4-25 所示。

图 4-25

当伸缩值为负值时，图层上出现了蓝色的斜线，表示已经颠倒了时间，但是图层会移动到别的地方，这是因为在颠倒时间过程是以图层的入点为变化基准，所以反向时导致位置变动，将入点拖曳到合适位置即可。

6. 确定时间调整基准点

在进行时间拉伸的过程中，发现变化时的基准点在默认情况下是以入点为标准的，特别是在 4.1.3 节颠倒时间的练习中更明显地感受到了这一点。其实在 After Effects 中，时间调整的基准点同样是可以改变的。

单击"伸缩"参数，弹出"时间伸缩"对话框，在对话框的"原位定格"区域设置在改变时间拉伸值时，图层变化的基准点，如图 4-26 所示。

图层进入点：以图层入点为基准，也就是在调整过程中，固定入点位置。

图 4-26

当前帧：以当前时间标签为基准，也就是在调整过程中，同时影响入点位置和出点位置。

图层输出点：以图层出点为基准，也就是在调整过程中，固定出点位置。

7. 应用时间重映射命令

在"时间轴"面板中选择视频素材图层，执行"图层 > 时间 > 启用时间重映射"命令，或按 Ctrl+Alt+T 组合键，激活"时间重映射"属性，如图 4-27 所示。

图 4-27

添加"时间重映射"时自动在视频图层的入点和出点位置加入了两个关键帧，入点位置的关键帧记录了片段 0s 这个时间，出点位置的关键帧记录了片段最后的时间，也就是 11：00s。

8. 时间重映射

步骤❶ 在"时间轴"面板中，移动当前时间标签到 05：00s 位置，在"关键帧"面板中，单击"在当前时间添加或移除关键帧"按钮，如图 4-28 所示，生成一个关键帧，这个关键帧记录了片段 05：00s 这个时间。

图 4-28

步骤❷ 将刚刚生成的关键帧往左边拖动到 03：00s 的位置，这样得到的结果从开始一直到 03：00s 位置，会播放片段 0s 到 05：00s 的片段内容。因此，从开始到第 05：00s 时，素材片段会快速播放，而过了 03：00s 以后，素材片段会慢速播放，因为最后的关键帧并没有发生位置移动，如图 4-29 所示。

图 4-29

步骤③ 按 0 键，预览动画效果，按任意键结束预览。

步骤④ 将当前时间标签移动到 05∶00s 位置，在"关键帧"面板中，单击"在当前时间添加或移除关键帧"按钮 ，生成 1 个关键帧，这个关键帧记录了片段 06∶15s 这个时间，如图 4-30 所示。

图 4-30

步骤⑤ 将记录了片段 06∶15s 的这个关键帧移动到 02∶00s 位置，如图 4-31 所示，会播放片段 0s 到 06∶15s 的片段内容，速度非常快；然后从 02∶00s 到 03∶00s 位置，反向播放片段 06∶15s 到 05∶00s 的内容；过了 03∶00s 直到最后，会重新播放 05∶00s 到 11∶01s 的内容。

图 4-31

步骤⑥ 可以切换到"图形编辑器"模式下，调整这些关键帧的运动速率，形成各种变速时间，如图 4-32 所示。

图 4-32

4.1.4 【实战演练】——制作体育短片效果

使用"时间伸缩"命令控制视频的播放时间，使用"时间轴"面板控制动画的入点和出点，使用"不透明度"属性制作不透明度动画，使用"缩放"属性缩放视频大小。最终效果参看云盘中的"Ch04 > 制作体育短片效果 > 制作体育短片效果.aep"，如图 4-33 所示。

扫 码 观 看
本案例视频

思政课堂 04

图 4-33

4.2　制作旅游广告效果

4.2.1　【训练目标】

使用图层编辑飞机位置或方向，使用"动态草图"命令绘制动画路径，并自动添加关键帧；使用"平滑器"命令自动减少关键帧。最终效果参看云盘中的"Ch04 > 制作旅游广告效果 > 制作旅游广告效果.aep"，如图 4-34 所示。

扫 码 观 看
本案例视频

图 4-34

4.2.2　【案例操作】

导入文件并编辑动画

步骤① 按 Ctrl+N 组合键，弹出"合成设置"对话框，在"合成名称"文本框中输入"效果"，其他选项的设置如图 4-35 所示，单击"确定"按钮，创建一个新的合成"效果"。执行"文件 > 导入 > 文件"命令，在弹出的"导入文件"对话框中，选择云盘中的"Ch04 > 制作旅游广告效果 > (Footage) > 01.jpg ~ 04.png"文件，单击"导入"按钮，将图片导入"项目"面板中，如图 4-36 所示。

图 4-35

图 4-36

步骤② 在"项目"面板中，选中"01.jpg""02.png"和"03.png"文件，并将它们拖曳到"时间轴"面板中，图层的排列如图 4-37 所示。选中"02.png"图层，按 P 键，展开"位置"属性，设置"位置"选项的数值为 705.0，334.0，如图 4-38 所示。

图 4-37   图 4-38

步骤③ 选中"03.png"图层，"向后平移"（锚点）工具，在"合成"面板中按住鼠标左键，调整飞机的中心点位置，如图 4-39 所示。按 P 键，展开"位置"属性，设置"位置"选项的数值为 909.0，685.0，如图 4-40 所示。

图 4-39   图 4-40

步骤④ 按 R 键，展开"旋转"属性，设置"旋转"属性的数值为 0x+57.0°，如图 4-41 所示。"合成"面板中的效果如图 4-42 所示。

图 4-41   图 4-42

步骤⑤ 执行"窗口 > 动态草图"命令，弹出"动态草图"面板，在面板中设置参数，如图 4-43 所示，单击"开始捕捉"按钮。当"合成"面板中的鼠标指针变成"+"字形状时，在面板中绘制运动路径，如图 4-44 所示。

图 4-43   图 4-44

步骤⑥ 执行"图层 > 变换 > 自动定向"命令，弹出"自动方向"对话框，在对话框中选择"沿路径定向"选项，如图 4-45 所示，单击"确定"按钮。"合成"面板中的效果如图 4-46 所示。

图 4-45   图 4-46

步骤⑦ 按 P 键，展开"位置"属性，单击属性名称将所有关键帧选中。用框选的方法选中所有的关键帧，执行"窗口 > 平滑器"命令，打开"平滑器"面板，在对话框中设置参数，如图 4-47 所示，单击"应用"按钮。"合成"面板中的效果如图 4-48 所示，制作完成后动画会更加流畅。

图 4-47   图 4-48

步骤⑧ 在"项目"面板中选中"04.png"文件，将其拖曳到"时间轴"面板中，如图 4-49 所示。"合成"面板中的效果如图 4-50 所示，旅游广告制作完成。

图 4-49   图 4-50

4.2.3 【相关知识】

1. 理解关键帧的概念

在 After Effects 中，包含关键信息的帧称为关键帧。锚点、旋转和不透明度等能够用数值表示的信息都包含在关键帧中。

在制作电影时，通常要制作许多不同的片断，然后将片断连接到一起才能制作成电影。每一个片段的开头和结尾都要做标记，这样在看到标记时就知道这一段的内容。

在 After Effects 中依据前后两个关键帧，识别动画开始和结束的状态，并自动计算中间的动画过程（此过程也叫插值运算），产生视觉动画。这意味着要产生关键帧动画，就必须有两个或两个以上有变化的关键帧。

2. 关键帧自动记录器

After Effects 提供了非常多的方法来调整和设置图层的各个属性，但是在普通状态下，这种设置被看作针对整个持续时间的，如果要进行动画处理，则必须单击"关键帧自动记录器"按钮 ，记录两个或两个以上含有不同变化信息的关键帧，如图 4-51 所示。

图 4-51

关键帧自动记录器为启用状态时，After Effects 将自动记录当前时间标签下该图层属性的任何变动，形成关键帧。如果关闭属性"关键帧自动记录器"按钮 ，则此属性的已有的关键帧将被删除，由于缺少关键帧，动画信息丢失，所以再次调整属性时，其被视为针对整个持续时间的调整。

3. 添加关键帧

添加关键帧的方式有很多，基本方法是首先激活某属性的关键帧自动记录器，然后改变属性值，在当前时间指针处形成关键帧，具体操作步骤如下。

步骤① 选择某图层，通过单击小箭头按钮 或按属性的快捷键，展开图层的属性。

步骤② 将时间标签移动到建立第 1 个关键帧的时间位置。

步骤③ 单击某属性左侧的"关键帧自动记录器"按钮 ，时间标签位置将产生第 1 个关键帧 ，调整此属性到合适值。

步骤④ 将时间标签移动到建立下一个关键帧的时间位置，在"合成"面板或者"时间轴"面板中调整相应的图层属性，关键帧将自动产生。

步骤⑤ 按 0 键，预览动画。

另外，单击"时间轴"控制区中关键帧面板中 中间的 按钮，可以添加关键帧；如果是在已经有关键帧的情况下单击此按钮，则删除已有的关键帧，其组合键是 Alt+Shift+属性组合键，如 Alt+Shift+P 组合键。

提示

　　如果某图层的蒙版属性打开了关键帧自动记录器，那么在"图层"面板中调整蒙版时也会产生关键帧信息。

4. 关键帧导航

"时间轴"控制区的关键帧面板最主要的功能就是关键帧导航，通过关键帧导航可以快速跳转到上一个或下一个关键帧位置，还可以方便地添加或者删除关键帧。如果此面板中没有出现关键帧，则单击"时间轴"面板左上方的按钮 ，在弹出的列表中执行"列数 > A/V 功能"命令，可打开此面板，如图 4-52 所示。

图 4-52

提示

　　要对关键帧进行导航操作，就必须将关键帧呈现出来，按 U 键，可展示图层中所有关键帧动画信息。

◀ 跳转到上一个关键帧位置，其快捷键是 J。
▶ 跳转到下一个关键帧位置，其快捷键是 K。

提示

　　关键帧导航按钮仅针对本属性的关键帧进行导航，快捷键 J 和 K 则可以对画面中展现的所有关键帧进行导航，这是有区别的。

"在当前时间添加或移除关键帧"按钮◇：当前没有关键帧状态，单击此按钮将生成关键帧。
"在当前时间添加或移除关键帧"按钮◆：当前已有关键帧状态，单击此按钮将删除关键帧。

5. 选择关键帧
◎ 选择单个关键帧
在"时间轴"面板中，展开某个含有关键帧的属性，单击某个关键帧，此关键帧被选中。
◎ 选择多个关键帧
在"时间轴"面板中，按住 Shift 键的同时，逐个选择关键帧，可选择多个关键帧。
在"时间轴"面板中，用鼠标拖曳出一个选取框，选取框内的所有关键帧被选中，如图 4-53 所示。

图 4-53

◎ 选择所有关键帧
单击图层属性名称，即可选择所有关键帧，如图 4-54 所示。

图 4-54

6．编辑关键帧

◎ 编辑关键帧值

在关键帧上双击，在弹出的"旋转"对话框中进行设置，如图 4-55 所示。

图 4-55

　　　　不同的属性对话框中呈现的内容也会不同，图 4-55 所示为双击"旋转"属性关键帧
时弹出的对话框。

要在"合成"面板，或者"时间轴"面板中调整关键帧，就必须选中当前关键帧，否则编辑关键帧将变成生成新的关键帧，如图 4-56 所示。

图 4-56

　　　　如果在按住 Shift 键的同时，移动当前时间标签，当前标签将自动对齐最近的一个关键帧；如果在按住 Shift 键的同时，移动关键帧，关键帧将自动对齐当前时间标签。

同时改变某属性的几个或所有关键帧的值，还需要同时选中几个或者所有关键帧，并确定当前时间标签刚好对齐选中的某个关键帧，再修改，如图 4-57 所示。

图 4-57

◎ 移动关键帧

选中单个或者多个关键帧，按住鼠标，将其拖曳到目标时间位置即可移动关键帧；还可以在按住 Shift 键的同时，锁定当前时间标签位置。

◎ 复制关键帧

复制关键帧可以大大提高创作效率，避免一些重复性的操作，但是在粘贴操作前一定要注意当前

选择的目标图层、目标图层的目标属性，以及当前时间标签所在的位置，因为这是粘贴操作的重要依据。具体操作步骤如下。

步骤① 选中要复制的单个或多个关键帧，甚至是多个属性的多个关键帧，如图 4-58 所示。

图 4-58

步骤② 执行"编辑 > 复制"命令，复制选中的多个关键帧。选择目标图层，将时间标签移动到目标时间位置，如图 4-59 所示。

图 4-59

步骤③ 执行"编辑 > 粘贴"命令，粘贴复制的关键帧，如图 4-60 所示。

图 4-60

关键帧的复制和粘贴不仅可以在本图层属性上执行，也可以将其粘贴到其他图层的相同属性上，这要求两个属性的数据类型必须一致。例如，将某个二维图层的"位置"动画信息复制并粘贴到另一个二维图层的"锚点"属性上，由于两个属性的数据类型一致（都是 x 轴向和 y 轴向的两个值），所以可以实现复制和粘贴操作。只要在粘贴操作前，确定选中目标图层的目标属性即可，如图 4-61 所示。

图 4-61

提示

如果粘贴的关键帧与目标图层上的关键帧在同一时间位置，将覆盖目标图层上原来的关键帧。另外，图层的属性值在无关键帧时可以进行复制，通常用于不同图层间的属性统一操作。

◎ 删除关键帧

选中需要删除的单个或多个关键帧，执行"编辑 > 清除"命令，进行删除操作。

选中需要删除的单个或多个关键帧，按 Delete 键，即可完成删除。

当前时间位置的关键帧，关键帧面板中的在当前时间添加或移除关键帧按钮呈◆状态，单击此状态下的这个按钮将删除当前关键帧，或按 Alt+Shift+属性快捷键，如 Alt+Shift+P 组合键。

如果要删除某属性的所有关键帧，则单击属性的名称选中该属性的全部关键帧，然后按 Delete键；单击关键帧属性前的"关键帧自动记录器"按钮◔，将其关闭，也能起到删除关键帧的作用。

4.2.4　【实战演练】——制作运动的蝌蚪效果

使用"位置"属性、"缩放"属性和"旋转"属性编辑蝌蚪的位置、大小和方向；执行"动态草图"命令绘制动画路径并自动添加关键帧；执行"平滑器"命令自动减少关键帧；执行"投影"命令给蝌蚪添加投影。最终效果参看云盘中的"Ch04 > 制作运动的蝌蚪效果 > 制作运动的蝌蚪效果.aep"，如图 4-62 所示。

图 4-62

4.3　综合案例——制作花开放效果

使用"导入"命令导入视频与图片，使用"缩放"属性缩放效果，使用"位置"属性改变形状位置，使用"色阶"命令调整颜色；使用"启用时间重映射"命令添加并编辑关键帧效果。最终效果参看云盘中的"Ch04 > 制作花开放效果 > 制作花开放效果.aep"，如图 4-63 所示。

图 4-63

4.4 综合案例——制作水墨过渡效果

使用"复合模糊"命令制作快速模糊，使用"重置图"命令，制作置换效果；使用"不透明度"属性添加关键帧并编辑不透明度；使用"矩形"工具 绘制蒙版形状效果。最终效果参看云盘中的"Ch04 > 制作水墨过渡效果 > 制作水墨过渡效果.aep"，如图 4-64 所示。

图 4-64

05

第 5 章
创建文字

　　本章对创建文字的方法进行了详细讲解，其中包括文字工具、文字图层、文字效果等。通过对本章的学习，读者可以掌握 After Effects 的文字创建技巧。

课堂学习目标

- ✔ 掌握文字工具的使用方法
- ✔ 掌握基本文字与路径文字的输入
- ✔ 掌握编号和时间码效果的应用

思政课堂

美丽文字民族瑰宝

5.1 制作打字效果

5.1.1 【训练目标】

使用"横排文字"工具输入文字，使用"应用动画预置"命令制作打字动画。最终效果参看云盘中的"Ch05 > 制作打字效果 > 制作打字效果.aep"，如图 5-1 所示。

图 5-1

5.1.2 【案例操作】

步骤① 按 Ctrl+N 组合键，弹出"合成设置"对话框，在"合成名称"文本框中输入"最终效果"，其他选项的设置如图 5-2 所示，单击"确定"按钮，创建一个新的合成"最终效果"。执行"文件 > 导入 > 文件"命令，在弹出的"导入文件"对话框中，选择云盘中的"Ch05 > 制作打字效果 > (Footage) > 01.jpg"文件，单击"导入"按钮，图片被导入"项目"面板中，如图 5-3 所示，并将其拖曳到"时间轴"面板中。

图 5-2   图 5-3

步骤② 选择"横排文字"工具 ，在"合成"面板中输入文字"童年是欢乐的海洋，在童年的回忆中有无数的趣事，也有伤心的往事，我在那回忆的海岸寻觅着美丽的童真，找到了……"。选中文字，在"字符"面板中设置文字参数，如图 5-4 所示。"合成"面板中的效果如图 5-5 所示。

图 5-4   图 5-5

步骤③ 选中"文字"图层，将时间标签放置在 0s 的位置，执行"窗口 > 效果和预设"命令，打开"效果和预设"面板，单击"文字处理器"文件夹左侧的小箭头按钮 > 将其展开，执行"Text > Multi-line > 文字处理器"命令，如图 5-6 所示。"合成"面板中的效果如图 5-7 所示。

图 5-6

图 5-7

步骤④ 选中"文字"图层，按 U 键，展开所有关键帧属性，如图 5-8 所示。将时间标签放置在 08:03s 的位置，按住 Shift 键的同时，将第 2 个关键帧拖曳到时间标签所在的位置，并设置"滑块"选项的数值为 100.00，如图 5-9 所示。

图 5-8

图 5-9

步骤⑤ 打字效果制作完成，如图 5-10 所示。

图 5-10

5.1.3 【相关知识】

1. 文字工具

在 After Effects CC 2019 中创建文字非常方便，有以下几种方法。

单击工具栏中的"横排文字"工具**T**，如图 5-11 所示。

图 5-11

或执行"图层 > 新建 > 文本"命令，或按 Ctrl+Alt+Shift+T 组合键，如图 5-12 所示。

图 5-12

　　工具栏提供了建立文本的工具，包括"横排文字"工具**T**和"直排文字"工具**IT**，可以根据需要建立水平文字和垂直文字，如图 5-13 所示。可以在"字符"面板中设置字体类型、字号、颜色、字间距、行间距和比例关系等，可以在"段落"面板中设置文本左对齐、中心对齐和右对齐等段落对齐方式，如图 5-14 所示。

图 5-13　　　　　　　　　　　　　图 5-14

2. 文字图层

　　在菜单栏中执行"图层 > 新建 > 文本"命令，如图 5-15 所示，可以建立一个文字图层。建立文字图层后，可以直接在面板中输入需要的文字，如图 5-16 所示。

图 5-15

图 5-16

5.1.4　【实战演练】——制作空中透明文字效果

使用"导入"命令导入素材，使用"置换图"命令制作文字嵌入天空中的效果。最终效果参看云盘中的"Ch05 > 制作空中透明文字效果 > 制作空中透明文字效果.aep"，如图 5-17 所示。

图 5-17

5.2 制作烟飘文字效果

5.2.1 【训练目标】

使用"横排文字"工具输入文字，使用"分形杂色"命令制作背景效果，使用"矩形"工具制作蒙版效果，使用"复合模糊"命令、"置换图"命令制作烟飘效果。最终效果参看云盘中的"Ch05 > 制作烟飘文字效果 > 制作烟飘文字效果.aep"，如图 5-18 所示。

图 5-18

5.2.2 【案例操作】

1. 输入文字与添加噪波

步骤❶ 按 Ctrl+N 组合键，弹出"合成设置"对话框，在"合成名称"文本框中输入"文字"，单击"确定"按钮，创建一个新的合成"文字"，如图 5-19 所示。

步骤❷ 选择"横排文字"工具 **T**，在"合成"面板中输入文字"Urban Night"。选中文字，在"字符"面板中设置"填充颜色"为蓝色（其 R、G、B 的值分别为 0、132、202），其他文字参数如图 5-20 所示。"合成"面板中的效果如图 5-21 所示。

图 5-19

图 5-20

图 5-21

步骤❸ 按 Ctrl+N 组合键，弹出"合成设置"对话框，在"合成名称"文本框中输入"噪波"，单击"确定"按钮。创建一个新的合成"噪波"。执行"图层 > 新建 > 纯色"命令，弹出"纯色设置"对话框，在"名称"文本框中输入文字"噪波"，将"颜色"设为灰色（其 R、G、B 的值均为 135），如图 5-22 所示，单击"确定"按钮，在"时间轴"面板中新增一个灰色纯色图层，如图 5-23 所示。

图 5-22   图 5-23

步骤④ 选中"噪波"图层，执行"效果 > 杂色和颗粒 > 分形杂色"命令，在"效果控件"面板中进行参数设置，如图 5-24 所示。"合成"面板中的效果如图 5-25 所示。

图 5-24   图 5-25

步骤⑤ 将时间标签放置在 0s 的位置，在"效果控件"面板中，单击"演化"选项左侧的"关键帧自动记录器"按钮，如图 5-26 所示，记录第 1 个关键帧。将时间标签放置在 04:24s 的位置，在"效果控件"面板中，设置"演化"选项的数值为 3x+0.0°，如图 5-27 所示，记录第 2 个关键帧。

图 5-26   图 5-27

2. 添加蒙版效果

步骤① 选择"矩形"工具▣，在"合成"面板中拖曳鼠标绘制一个矩形蒙版，如图 5-28 所示。按 F 键，展开"蒙版羽化"属性，设置"蒙版羽化"选项的数值为"140.0，140.0 像素"，如图 5-29 所示。

图 5-28

图 5-29

步骤② 将时间标签放置在 0s 的位置，选中"噪波"图层，按两次 M 键，展开"蒙版"属性，单击"蒙版路径"选项左侧的"关键帧自动记录器"按钮◯，如图 5-30 所示，记录第 1 个蒙版形状关键帧。将时间标签放置在 04:24s 的位置，选择"选取"工具▶，在"合成"面板中同时选中蒙版左侧的两个控制点，将控制点向右拖曳到适当的位置，如图 5-31 所示，记录第 2 个蒙版形状关键帧。

图 5-30

图 5-31

步骤③ 按 Ctrl+N 组合键，创建一个新的合成，命名为"噪波 2"。执行"图层 > 新建 > 纯色"命令，新建一个灰色纯色图层，命名为"噪波 2"。与前面制作合成"噪波"的步骤一样，添加"分形杂色"效果并添加关键帧。执行"效果 > 颜色校正 > 曲线"命令，在"效果控件"面板中调节曲线的参数，如图 5-32 所示。调节后，"合成"面板中的效果如图 5-33 所示。

图 5-32

图 5-33

步骤④　按 Ctrl+N 组合键，弹出"合成设置"对话框，在"合成名称"文本框中输入"最终效果"，单击"确定"按钮，创建一个新的合成"最终效果"，如图 5-34 所示。在"项目"面板中，分别将选中的"文字""噪波"和"噪波 2"合成，并将它们拖曳到"时间轴"面板中，图层的排列如图 5-35 所示。

步骤⑤　执行"文件 > 导入 > 文件"命令，在弹出的"导入文件"对话框中，选择云盘中的"Ch05 > 制作烟飘文字效果 > (Footage) > 01.mp4"文件，单击"导入"按钮，导入背景视频，并将其拖曳到"时间轴"面板中，如图 5-36 所示。

图 5-34

图 5-35

图 5-36

步骤⑥　分别单击"噪波"和"噪波 2"图层左侧的眼睛按钮 👁，将图层隐藏。选中"文字"图层，执行"效果 > 模糊和锐化 > 复合模糊"命令，在"效果控件"面板中进行参数设置，如图 5-37 所示。"合成"面板中的效果如图 5-38 所示。

图 5-37

图 5-38

步骤⑦　在"效果控件"面板中，单击"最大模糊"选项左侧的"关键帧自动记录器"按钮 ⏱，如图 5-39 所示，记录第 1 个关键帧。将时间标签放置在 04:24s 的位置，在"效果控件"面板中，设置"最大模糊"选项的数值为 0.0，如图 5-40 所示，记录第 2 个关键帧。

图 5-39

图 5-40

步骤 ⑧ 执行"效果 > 扭曲 > 置换图"命令，在"效果控件"面板中进行参数设置，如图 5-41 所示。烟飘文字效果制作完成，效果如图 5-42 所示。

图 5-41

图 5-42

5.2.3 【相关知识】

1. 基本文字效果

基本文字效果用于创建文本或文本动画，可以指定文本的字体、样式、方向和对齐方式，如图 5-43 所示。

该效果还可以将文字创建在一个现有的图像图层中，选择"在原始图像上合成"复选框，可以将文字与图像融合在一起，也可以取消选择该复选框，只使用文字。面板中还提供了位置、填充和描边、大小、字符间距等信息，如图 5-44 所示。

图 5-43

图 5-44

2. 路径文字效果

路径文字效果用于制作字符沿某一条路径运动的动画效果。执行"效果 > 过时 > 路径文字"命令，打开"路径文字"对话框，该效果对话框提供了字体和样式设置，如图 5-45 所示。

"路径文字"面板还提供了信息，以及路径选项、填充和描边、字符、段落、高级和"在原始图像上合成"等设置，如图 5-46 所示。

图 5-45

图 5-46

3. 编号效果

编号效果可生成不同格式的随机数或序数，如小数、日期和时间码，甚至是当前日期和时间（在渲染时）。使用编号效果可以创建各种计数器。序数的最大偏移是 30000。此效果适用于 8-bpc 颜色。执行"效果 > 文本 > 编号"命令，打开"编号"对话框，在"编号"对话框中可以设置字体、样式、方向和对齐方式等，如图 5-47 所示。

"编号"面板还提供格式、填充和描边、大小和字符间距等设置，如图 5-48 所示。

图 5-47

图 5-48

4. 时间码效果

时间码效果主要用于在素材图层中显示时间信息或者关键帧上的编码信息，还可以将时间码的信息译成密码并保存在图层中。在"时间码"面板中可以设置显示格式、时间源、时间单位、开始帧、文本位置、文字大小和文本颜色等，如图 5-49 所示。

图 5-49

5.2.4　【实战演练】——制作文字动画效果

使用"导入"命令导入素材，使用"路径文字"命令输入文字，使用"投影"命令为文字添加投影效果。最终效果参看云盘中的"Ch05 > 制作文字动画效果 > 制作文字动画效果.aep"，如图 5-50 所示。

图 5-50

5.3 综合案例——制作字母飞散效果

使用"横排文字"工具输入文字并编辑，使用"导入"命令导入文件，使用"Particular"命令制作飞舞数字。最终效果参看云盘中的"Ch05 > 制作字母飞散效果 > 制作字母飞散效果.aep"，如图 5-51 所示。

图 5-51

5.4 综合案例——制作模糊文字效果

使用"导入"命令导入素材，使用"镜头光晕"命令添加光晕效果，使用"模式"选项编辑图层的混合模式。最终效果参看云盘中的"Ch05 > 制作模糊文字效果 > 制作模糊文字效果.aep"，如图 5-52 所示。

图 5-52

06

第6章
应用效果

本章主要介绍 After Effects 中各种效果控制面板及其应用方式和参数设置，对有实用价值、存在一定难度的效果将重点讲解。通过对本章的学习，读者可以快速了解并掌握 After Effects 效果制作的精髓部分。

课堂学习目标

✔ 了解效果和掌握模糊、锐化
✔ 掌握颜色校正、生成、扭曲、杂波和颗粒
✔ 掌握模拟和风格化

思政课堂

中国传统文化——国画

6.1 **制作闪白切换效果**

6.1.1 【训练目标】

使用"导入"命令导入素材，使用"快速方框模糊"命令、"色阶"命令制作图像闪白，使用"投影"命令制作文字的投影效果，使用"效果和预设"命令制作文字动画特效。最终效果参看云盘中的"Ch06 > 制作闪白切换效果 > 制作闪白切换效果.aep"，如图 6-1 所示。

扫码观看
本案例视频

图6-1

6.1.2 【案例操作】

1. 导入素材

步骤❶ 按 Ctrl+N 组合键，弹出"合成设置"对话框，在"合成名称"文本框中输入"最终效果"，其他选项的设置如图 6-2 所示，单击"确定"按钮，创建一个新的合成"最终效果"。

步骤❷ 执行"文件 > 导入 > 文件"命令，在弹出的"导入文件"对话框中，选择云盘中的"Ch06 > 制作闪白切换效果 > (Footage) > 01.jpg ~ 07.jpg"共 7 个文件，单击"导入"按钮，图片被导入 "项目"面板中，如图 6-3 所示。

图6-2   图6-3

步骤❸ 在"项目"面板中，选中"01.jpg ~ 05.jpg"文件，并将它们拖曳到"时间轴"面板中，图层的排列如图 6-4 所示。将时间标签放置在 3s 的位置，如图 6-5 所示。

图6-4   图6-5

步骤④ 选中"01.jpg"图层，按 Alt+] 组合键，设置动画的出点，"时间轴"面板如图 6-6 所示。用相同的方法分别设置"03.jpg""04.jpg"和"05.jpg"图层的出点，"时间轴"面板如图 6-7 所示。

图 6-6

图 6-7

步骤⑤ 将时间标签放置在 04：00s 的位置，如图 6-8 所示。选中"02.jpg"图层，按 Alt+] 组合键，设置动画的出点，"时间轴"面板如图 6-9 所示。

图 6-8

图 6-9

步骤⑥ 在"时间轴"面板中选中"01.jpg"图层，按住 Shift 键的同时，选中"05.jpg"图层，两个图层中间的层将被选中，执行"动画 > 关键帧辅助 > 序列图层"命令，弹出"序列图层"对话框，取消勾选"重叠"复选框，如图 6-10 所示，单击"确定"按钮，每个图层依次排序，首尾相接，如图 6-11 所示。

图 6-10

图 6-11

步骤⑦ 执行"图层 > 新建 > 调整图层"命令，在"时间轴"面板中新增 1 个"调整图层 1"，如图 6-12 所示。

图 6-12

2. 制作图像闪白

步骤① 选中"调整图层 1"图层，执行"效果 > 模糊和锐化 > 快速方框模糊"命令，在"效果控件"面板中进行参数设置，如图 6-13 所示。"合成"面板中的效果如图 6-14 所示。

图 6-13　　　　　　　　　　　　　　　　　图 6-14

步骤② 执行"效果 > 颜色校正 > 色阶"命令，在"效果控件"面板中进行参数设置，如图 6-15 所示。"合成"面板中的效果如图 6-16 所示。

图 6-15　　　　　　　　　　　　　　图 6-16

步骤③ 将时间标签放置在 0s 的位置，在"效果控件"面板中，单击"快速方框模糊"特效中的"模糊半径"选项和"色阶"特效中的"直方图"选项左侧的"关键帧自动记录器"按钮 ⏱，记录第 1 个关键帧，如图 6-17 所示。

步骤④ 将时间标签放置在 00:06s 的位置，在"效果控件"面板中，设置"模糊半径"选项的数值为 0.0，"输入白色"选项的数值为 255.0，如图 6-18 所示，记录第 2 个关键帧。"合成"面板中的效果如图 6-19 所示。

图 6-17　　　　　　　　　　图 6-18　　　　　　　　　　　　　图 6-19

步骤⑤ 将时间标签放置在 02:04s 的位置，按 U 键展开所有关键帧，如图 6-20 所示。单击"时间轴"面板中"模糊半径"选项和"直方图"选项左侧的"在当前时间添加或移除关键帧"按钮 ◇，记录第 3 个关键帧，如图 6-21 所示。

图 6-20   图 6-21

步骤⑥ 将时间标签放置在 02:14s 的位置，在"效果控件"面板中，设置"模糊半径"选项的数值为 7.0，"输入白色"选项的数值为 94.0，如图 6-22 所示，记录第 4 个关键帧。"合成"面板中的效果如图 6-23 所示。

图 6-22   图 6-23

步骤⑦ 将时间标签放置在 03:08s 的位置，在"效果控件"面板中，设置"模糊半径"选项的数值为 20.0，"输入白色"选项的数值为 58.0，如图 6-24 所示，记录第 5 个关键帧。"合成"面板中的效果如图 6-25 所示。

图 6-24   图 6-25

步骤⑧ 将时间标签放置在 03:18s 的位置，在"效果控件"面板中，设置"模糊半径"选项的数值为 0.0，"输入白色"选项的数值为 255.0，如图 6-26 所示，记录第 6 个关键帧。"合成"面板中的效果如图 6-27 所示。

步骤⑨ 至此制作完成了第一段素材与第二段素材之间的闪白动画。用同样的方法设置其他素材的闪白动画，如图 6-28 所示。

图 6-26   图 6-27

图 6-28

3. 编辑文字

步骤① 在"项目"面板中，选中"06.jpg"文件，并将其拖曳到"时间轴"面板中，图层的排列如图 6-29 所示。将时间标签放置在 15:23s 的位置，按 Alt+ [组合键，设置动画的入点，"时间轴"面板如图 6-30 所示。

图 6-29   图 6-30

步骤② 将时间标签放置在 20:00s 的位置，选择"横排文字"工具 **T**，在"合成"面板中输入文字"爱上西餐厅"。选中文字，在"字符"面板中，设置"填充颜色"为青绿色（其 R、G、B 的值分别为 76、244、255），在"段落"面板中设置对齐方式为文字居中，其他参数设置如图 6-31 所示。"合成"面板中的效果如图 6-32 所示。

图 6-31　　　　　　　　　　　　　图 6-32

步骤③ 选中"文字"图层，把该图层拖曳到调整图层的下面，执行"效果 > 透视 > 投影"命令，在"效果控件"面板中进行参数设置，如图 6-33 所示。"合成"面板中的效果如图 6-34 所示。

图 6-33　　　　　　　　　　　　　图 6-34

步骤④ 将时间标签放置在 16:16s 的位置，执行"窗口 > 效果和预设"命令，打开"效果和预设"面板，展开"动画预设"选项，选择"Text > Animate In > 解码淡入"选项，文字图层会自动添加动画效果。"合成"面板中的效果如图 6-35 所示。

步骤⑤ 将时间标签放置在 18:05s 的位置，选中"文字"图层，按 U 键展开所有关键帧，按住 Shift 键的同时，把第 2 个关键帧拖曳到时间标签所在的位置，如图 6-36 所示。

图 6-35　　　　　　　　　　　　　图 6-36

步骤⑥ 在"项目"面板中，选中"07.jpg"文件并将其拖曳到"时间轴"面板中，设置图层的混合模式为"屏幕"，图层的排列如图 6-37 所示。将时间标签放置在 18:13s 的位置，选中"07.jpg"图层，按 Alt+ [组合键，设置动画的入点，"时间轴"面板如图 6-38 所示。

图 6-37   图 6-38

步骤⑦ 选中 "07.jpg" 图层，按 P 键，展开 "位置" 属性，设置 "位置" 选项的数值为 1122.0、380.0，单击 "位置" 选项左侧的 "关键帧自动记录器" 按钮，如图 6-39 所示，记录第 1 个关键帧。将时间标签放置在 20.00s 的位置，设置 "位置" 选项的数值为-208.0、380.0，记录第 2 个关键帧，如图 6-40 所示。

图 6-39   图 6-40

步骤⑧ 选中 "07.jpg" 图层，按 Ctrl+D 组合键复制图层，按 U 键，展开所有关键帧，将时间标签放置在 18:13s 的位置，设置 "位置" 选项的数值为 159.0、380.0，如图 6-41 所示。将时间标签放置在 20.00s 的位置，设置 "位置" 选项的数值为 1606.0、380.0，如图 6-42 所示。

图 6-41   图 6-42

步骤⑨ 闪白切换效果制作完成，如图 6-43 所示。

图 6-43

6.1.3 【相关知识】

1. 初步了解效果

After Effects 软件本身自带了许多效果，包括音频、模糊和锐化、颜色校正、扭曲、键控、模拟、风格化和文字等。效果不仅能对影片进行丰富的艺术加工，还可以提高影片的画面质量和播放效果。

2. 为图层添加效果

为图层添加效果的方法很简单，方式也有很多种，可以根据情况灵活应用。

在"时间轴"面板中选中某个图层，再执行"效果"菜单中的各项效果命令。

在"时间轴"面板的某个图层上单击鼠标右键，在弹出的菜单中执行"效果"子菜单中的各项效果命令。

执行"窗口 > 效果和预设"命令，或按 Ctrl+5 组合键，打开"效果和预设"面板，从分类中选中需要的效果，然后拖曳到"时间轴"面板中的某个图层上即可，如图 6-44 所示。

在"时间轴"面板中选择某图层，然后执行"窗口 > 效果和预设"命令，打开"效果和预置"面板，双击分类中选择的效果。

对于图层来说，一个效果常常是不能满足创作需要的。只有使用以上描述的任意一种方法，为图层添加多个效果，才能制作出复杂而千变万化的效果。但是，在同一个图层应用多个效果时，一定要注意效果添加的顺序，因为不同的顺序可能会有不同的画面效果，如图 6-45 和图 6-46 所示。

图 6-44

图 6-45

图 6-46

改变效果顺序的方法很简单，只要在"效果控件"面板或者"时间轴"面板中，把所需的效果上下拖曳到目标位置即可，如图 6-47 和图 6-48 所示。

图 6-47   图 6-48

3. 调整效果、复制效果和删除效果

◎ 调整效果

在为图层添加效果时，一般会自动打开"效果控件"面板，如果并未打开该面板，可以执行"窗口 > 效果控件"命令，将"效果控件"面板打开。

After Effects 有多种效果，且各个功能不同，调整效果的方法分为 5 种。

位置点定义：一般用来设置效果的中心位置。调整的方法有两种：一种是直接调整后面的参数值；另一种是单击 ，在"合成"面板中的合适位置单击鼠标，效果如图 6-49 所示。

图 6-49

调整数值：将鼠标放置在某个选项右侧的数值上，鼠标指针变为"🖐"时，上下拖曳鼠标可以调整数值，如图 6-50 所示，也可以直接在数值上单击将其激活，然后输入需要的数值。

图 6-50

调整滑块：左右拖动滑块调整数值。不过需要注意滑块并不能显示参数的极限值。例如，复合模糊滤镜，虽然在调整滑块中看到的调整范围是 0～100，但如果用直接输入数值的方法调整，可以显示参数的极限值如图 6-51 所示。

颜色选取框：主要用于选取或者改变颜色，单击会弹出图 6-52 所示的色彩选择对话框。

角度旋转器：一般与角度和圈数设置有关，如图 6-53 所示。

图 6-51

图 6-52

图 6-53

◎ 复制效果

如果只是在本图层中复制特效，只需要在"效果控件"面板或者"时间轴"面板中选中效果，按 Ctrl+D 组合键即可。

如果是将效果复制到其他图层使用，可以执行如下操作步骤。

步骤❶ 在"效果控件"面板或者"时间轴"面板中选中原图层的一个或多个效果。

步骤❷ 执行"编辑 > 复制"命令，或者按 Ctrl+C 组合键，完成效果的复制操作。

步骤❸ 在"时间轴"面板中，选中目标图层，然后执行"编辑 > 粘贴"命令，或按 Ctrl+V 组合键，完成效果的粘贴操作。

◎ 删除效果

删除效果只需要在"效果控件"面板或者"时间轴"面板中选择某个效果名称，按 Delete 键即可。

> 在"时间轴"面板中快速展开效果的方法是选中含有效果的图层，然后按 E 键。

◎ 暂时关闭效果

"效果控件"面板或者"时间轴"面板中的 fx 开关，可以暂时关闭某一个或几个效果，使其不起作用，如图 6-54 和图 6-55 所示。

图 6-54

图 6-55

4. 制作关键帧动画

◎ 在"时间轴"面板中制作动画

步骤① 在"时间轴"面板中选择某图层,执行"效果 > 模糊与锐化 > 高斯模糊"命令,添加高斯模糊效果。

步骤② 按 E 键出现效果属性,单击"高斯模糊"效果名称左侧的小箭头按钮 ,展开各项具体参数设置。

步骤③ 单击"模糊度"左侧的"关键帧自动记录器"按钮 ,生成 1 个关键帧,如图 6-56 所示。

步骤④ 将时间标签移动到另一个时间位置,调整"模糊度"的数值,After Effects 将自动生成第 2 个关键帧,如图 6-57 所示。

图 6-56

图 6-57

步骤⑤ 按数字键盘上的 0 键,预览动画。

◎ 在"效果控件"面板中制作关键帧动画

步骤① 在"时间轴"面板中选择某个图层,执行"效果 > 模糊与锐化 > 高斯模糊"命令,添加高斯模糊效果。

步骤② 在"效果控件"面板中,单击"模糊度"左侧的"关键帧自动记录器"按钮 ,如图 6-58 所示,或在按住 Alt 键的同时,单击"模糊度"名称,生成第 1 个关键帧。

图 6-58

步骤③ 将时间标签移动到另一个时间位置,在"效果控件"面板中,调整"模糊度"的数值,自动生成第 2 个关键帧。

5. 使用效果预设

在赋予效果预设操作之前必须确定时间标签所处的时间位置,因为赋予的效果预设如果含有动画信息,将会以当前时间标签位置为动画的起点,如图 6-59 和图 6-60 所示。

图 6-59

图 6-60

6. 高斯模糊

高斯模糊效果用于模糊和柔化图像，可以去除杂点。高斯模糊能产生更细腻的模糊效果，尤其是单独使用的时候。高斯模糊效果参数设置如图 6-61 所示。

图 6-61

模糊度：调整图像的模糊程度。

模糊方向：设置模糊的方式。其提供了水平和垂直、水平、垂直 3 种模糊方式。

高斯模糊效果演示如图 6-62 ~ 图 6-64 所示。

图 6-62　　　　　　　　　　图 6-63　　　　　　　　　　图 6-64

7. 定向模糊

定向模糊也称方向模糊。这是一种十分具有动感的模糊效果，可以产生任何方向的运动视觉。当图层为草稿质量时，应用图像边缘的平均值；为最高质量时，应用高斯模式的模糊，产生平滑、渐变的模糊效果。定向模糊效果参数设置如图 6-65 所示。

方向：调整模糊的方向。

图 6-65

模糊长度：调整效果的模糊程度，数值越大，模糊的程度也就越大。

定向模糊效果演示如图 6-66 ~ 图 6-68 所示。

图 6-66　　　　　　　　　　图 6-67　　　　　　　　　　图 6-68

8. 径向模糊

径向模糊效果可以在图层中围绕特定点为图像增加移动效果或旋转模糊效果，径向模糊效果参数设置如图 6-69 所示。

数量：控制图像的模糊程度。模糊程度的大小取决于模糊量，在旋转类型状态下，模糊量表示旋转模糊程度；在缩放类型下，模糊量表示缩放模糊程度。

中心：调整模糊中心点的位置。可以单击按钮，在视频窗口中指定中心点位置。

类型：设置模糊类型。其中提供了旋转和缩放两种模糊类型。

消除锯齿（最佳品质）：该功能只在图像的最高品质下起作用。

图 6-69

径向模糊效果演示如图 6-70~图 6-72 所示。

图 6-70　　　　　　　　　　图 6-71　　　　　　　　　　图 6-72

9. 快速方框模糊

快速方框模糊效果用于设置图像的模糊程度，它和高斯模糊十分类似，但是它在大面积应用时实现速度更快，效果更明显。快速方框模糊效果参数设置如图 6-73 所示。

图 6-73

模糊半径：设置模糊程度。

迭代：设置模糊效果连续应用到图像的次数。

模糊方向：设置模糊方向，有水平、垂直、水平和垂直 3 种方式。

重复边缘像素：勾选此复选框，可让边缘保持清晰。

快速方框模糊效果演示如图 6-74~图 6-76 所示。

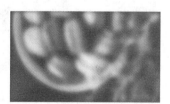

图 6-74　　　　　　　　　　图 6-75　　　　　　　　　　图 6-76

10. 锐化

锐化效果用于锐化图像，在图像颜色发生变化的地方提高图像的对比度。锐化效果参数设置如图 6-77 所示。

图 6-77

锐化量：设置锐化的程度。

锐化效果演示如图 6-78~图 6-80 所示。

图 6-78　　　　　　　　　　图 6-79　　　　　　　　　　图 6-80

6.1.4　【实战演练】——制作光晕文字效果

使用"卡片擦除"命令制作动感文字；使用"定向模糊"命令、"色阶"命令、"Shine"命令，制作文字发光效果，并改变发光颜色；使用"镜头光晕"命令添加镜头光晕效果。最终效果参看云盘中的"Ch06 > 制作光晕文字效果 > 制作光晕文字效果.aep"，如图 6-81 所示。

图 6-81

6.2　制作水墨画效果

6.2.1　【训练目标】

使用"查找边缘"命令、"色相/饱和度"命令、"色阶"命令、"高斯模糊"命令制作水墨画效果。最终效果参看云盘中的"Ch06 > 制作水墨画效果 > 制作水墨画效果.aep"，如图 6-82 所示。

图 6-82

6.2.2　【案例操作】

1. 导入并编辑素材

步骤❶ 按 Ctrl+N 组合键，弹出"合成设置"对话框，在"合成名称"文本框中输入"最终效果"，其他选项的设置如图 6-83 所示，单击"确定"按钮，创建一个新的合成"最终效果"。

步骤❷ 执行"文件 > 导入 > 文件"命令，在弹出的"导入文件"对话框中，选择云盘中的"Ch06 > 水墨画效果 >（Footage）> 01.jpg、02.png"文件，单击"打开"按钮，图片被导入"项目"面板中，如图 6-84 所示。

图 6-83

图 6-84

步骤③ 在"项目"面板中,选中"01.jpg"文件并将其拖曳到"时间轴"面板中,如图 6-85 所示。按 Ctrl+D 组合键复制图层,单击复制图层左侧的眼睛按钮 ,关闭该图层的可视性,如图 6-86 所示。

图 6-85

图 6-86

步骤④ 选中"图层 2"图层,执行"效果 > 风格化 > 查找边缘"命令,在"效果控件"面板中进行参数设置,如图 6-87 所示。"合成"面板中的效果如图 6-88 所示。

图 6-87

图 6-88

步骤⑤ 执行"效果> 颜色校正 > 色相/饱和度"命令,在"效果控件"面板中进行参数设置,如图 6-89 所示。"合成"面板中的效果如图 6-90 所示。

图 6-89

图 6-90

步骤⑥　执行"效果 > 颜色校正 > 曲线"命令，在"效果控件"面板中调整曲线，如图 6-91 所示。
"合成"面板中的效果如图 6-92 所示。

图 6-91　　　　　　　　　　　　　　　　图 6-92

步骤⑦　执行"效果 > 模糊和锐化 > 高斯模糊"命令，在"效果控件"面板中进行参数设置，如图
6-93 所示。"合成"面板中的效果如图 6-94 所示。

图 6-93　　　　　　　　　　　　　　　　图 6-94

2. 制作水墨画效果

步骤❶　在"时间轴"面板中，单击"图层 1"图层左侧的睛按钮，打开该图层的可视性。按 T 键，
展开"不透明度"属性，设置"不透明度"选项的数值为 70%，图层的混合模式为"相乘"，如图 6-95
所示。"合成"面板中的效果如图 6-96 所示。

图 6-95　　　　　　　　　　　　　　　　图 6-96

步骤② 执行"效果 > 风格化 > 查找边缘"命令，在"效果控件"面板中进行参数设置，如图 6-97 所示。"合成"面板中的效果如图 6-98 所示。

图 6-97　　　　　　　　　　　　　　图 6-98

步骤③ 执行"效果 > 颜色校正 > 色相/饱和度"命令，在"效果控件"面板中进行参数设置，如图 6-99 所示。"合成"面板中的效果如图 6-100 所示。

图 6-99　　　　　　　　　　　　　　图 6-100

步骤④ 执行"效果 > 颜色校正 > 曲线"命令，在"效果控件"面板中调整曲线，如图 6-101 所示。"合成"面板中的效果如图 6-102 所示。

图 6-101　　　　　　　　　　　　　　图 6-102

步骤⑤ 执行"效果 > 模糊和锐化 > 快速方框模糊"命令，在"效果控件"面板中进行参数设置，如图 6-103 所示。"合成"面板中的效果如图 6-104 所示。

图 6-103　　　　　　　　　　　　　　　　图 6-104

 在"项目"面板中，选中"02.png"文件并将其拖曳到"时间轴"面板中，按 P 键，展开"位置"属性，设置"位置"选项的数值为 910.0、300.0，如图 6-105 所示。水墨画效果制作完成，如图 6-106 所示。

图 6-105　　　　　　　　　　　　　　　　图 6-106

6.2.3　【相关知识】

1. 亮度和对比度

亮度和对比度效果用于调整画面的亮度和对比度，可以同时调整所有像素的高亮、暗部和中间色，操作简单有效，但不能调节单一通道。亮度和对比度效果参数设置如图 6-107 所示。

亮度：用于调整亮度值。正值为增加亮度，负值为降低亮度。

图 6-107

对比度：用于调整对比度值。正值为增加对比度，负值为降低对比度。

亮度与对比度效果演示如图 6-108 ~图 6-110 所示。

图 6-108　　　　　　　　　图 6-109　　　　　　　　　图 6-110

2. 曲线

After Effects 中的曲线控制功能与 Photoshop 中的曲线控制功能类似，可以对图像的各个通道进行控制，调节图像色调范围；可以用 0~255 的灰阶调节颜色。用色阶也可以完成同样的工作，但是曲线控制能力更强。曲线效果控件是 After Effects 非常重要的一个调色工具，如图 6-111 所示。

图 6-111

在曲线图表中，可以调整图像的阴影部分、中间色调区域和高亮区域。

通道：用于选择需要调节的通道，可以同时调节图像的 RGB 通道，也可以分别调节红色、绿色、蓝色和 Alpha 通道。

曲线：用来调整校正值，即输入（原始亮度）和输出的对比度。

曲线工具 ⎇：选中曲线工具并单击曲线，可以在曲线上增加控制点。如果要删除控制点，可以在曲线上选中要删除的控制点，将其拖曳至坐标区域外。拖曳控制点，可编辑曲线。

铅笔工具 ⎘：选中铅笔工具，可以在坐标区域中拖曳鼠标，绘制一条曲线。

平滑按钮：单击此按钮，可以平滑曲线。

自动按钮：单击此按钮，可以自动调整图像的对比度。

打开按钮：单击此按钮，可以打开存储的曲线调节文件。

保存按钮：单击此按钮，可以将调节完成的曲线存储为一个.amp 文件或.acv 文件，以供再次使用。

3. 色相/饱和度

色相/饱和度效果用于调整图像的色调、饱和度和亮度。其应用的效果和色彩平衡一样，但颜色相应调整基于色轮。色相/饱和度效果参数设置如图 6-112 所示。

图 6-112

通道控制：用于选择应用效果颜色通道。选择"主体"时，对所有颜色应用效果，如果分别选择红色、黄色、绿色、青色、蓝色和品红通道，则对所选颜色应用效果。

通道范围：显示颜色映射的谱线，用于控制通道范围。上面的色条表示调节前的颜色，下面的色条表示如何在全饱和状态下影响所有色相。调节单独的通道时，下面的色条会显示控制滑块。拖曳竖条可调节颜色范围，拖曳三角可调整羽化量。

主色相：控制所调节的颜色通道的色调，可利用颜色控制轮盘（代表色轮）改变总的色调。

主饱和度：用于调整主饱和度。拖动滑块控制所调节的颜色通道的饱和度。

主亮度：用于调整主亮度。滑块控制所调节的颜色通道的亮度。

彩色化：选中该复选框，可以将灰阶图转换为带有色调的双色图。

着色色相：通过颜色控制轮盘，控制彩色化图像后的色调。

着色饱和度：拖曳滑块，控制彩色化图像后的饱和度。

着色亮度：拖动滑块，控制彩色化图像后的亮度。

提示　　色相/饱和度效果是 After Effects 中非常重要的调色工具，在更改对象色相属性时很方便。在调节颜色的过程中，可以使用色轮来预测图像中相应颜色区域的改变效果，并了解这些更改如何在 RGB 色彩模式间转换。

色相/饱和度效果演示如图 6-113 ~图 6-115 所示。

图 6-113　　　　　　　　　图 6-114　　　　　　　　　图 6-115

4. 颜色平衡

颜色平衡效果用于调整图像的色彩平衡。分别调节图像的红色、绿色、蓝色通道，可以调节颜色暗部、中间色调和高亮部分的强度。颜色平衡效果参数设置如图 6-116 所示。

阴影红色/绿色/蓝色平衡：用于调整 RGB 彩色的阴影范围平衡。

中间调红色/绿色/蓝色平衡：用于调整 RGB 彩色的中间亮度范围平衡。

高光红色/绿色/蓝色平衡：用于调整 RGB 彩色的高光范围平衡。

图 6-116

保持发光度：选中该复选框可以保持图像的平均亮度，进而保持图像的整体平衡。

颜色平衡效果演示如图 6-117 ~图 6-119 所示。

图 6-117　　　　　　　　　图 6-118　　　　　　　　　图 6-119

5. 色阶

色阶效果是一个常用的调色工具，用于将输入的颜色范围重新映射到输出的颜色范围，还可以改变 Gamma 校正曲线。色阶主要用于调整基本的影像质量。色阶效果参数设置如图 6-120 所示。

通道：用于选择需要调控的通道。可以对 RGB 彩色通道、红色（Red）通道、绿色（Green）通道、蓝色（Blue）通道和透明（Alpha）通道分别进行调控。

直方图：可以通过该图了解像素在图像中的分布情况。水平方向表示亮度值，垂直方向表示该亮度值的像素数值。像素值不会比输入黑色值更低，也不会比输入白色值更高。

图 6-120

输入黑色：用于限定输入图像黑色值的阈值。

输入白色：用于限定输入图像白色值的阈值。

灰度系数：用于设置确定输出图像明亮度值分布的功率曲线的指数。

输出黑色：用于限定输出图像黑色值的阈值，黑色输出在图下方灰阶条中。

输出白色：用于限定输出图像白色值的阈值，白色输出在图下方灰阶条中。

剪切以输出黑色和剪切以输出白色：用于确定明亮度值小于"输入黑色"值，或大于"输入白色"值的像素的结果。

色阶效果演示如图 6-121 ~ 图 6-123 所示。

图 6-121   图 6-122   图 6-123

6. 高级闪电

高级闪电效果可以用来模拟真实的闪电和放电效果，并自动设置动画。高级闪电效果参数设置如图 6-124 所示。

闪电类型：设置闪电的种类。

源点：闪电的起始位置。

方向：闪电的结束位置。

传导率状态：设置闪电的主干变化。

核心半径：设置闪电主干的宽度。

核心不透明度：设置闪电主干的不透明度。

核心颜色：设置闪电主干的颜色。

发光半径：设置闪电光晕的大小。

发光不透明度：设置闪电光晕的不透明度。

发光颜色：设置闪电光晕的颜色。

Alpha 障碍：设置闪电障碍的大小。

湍流：设置闪电的流动变化。

分叉：设置闪电的分叉数量。

衰减：设置闪电的衰减数量。

主核心衰减：设置闪电的主核心衰减量。

在原始图像上合成：选中该复选框，可以直接针对图片设置闪电。

复杂度：设置闪电的复杂程度。

最小分叉距离：分叉之间的距离，值越大，分叉越少。

终止阈值：为低值时闪电更容易终止。

仅主核心碰撞：选中该复选框，只有主核心会受到 Alpha 障碍的影响，从主核心衍生出的分叉不会受到影响。

分形类型：设置闪电主干的线条样式。

核心消耗：设置闪电主干的渐隐结束。

分叉强度：设置闪电分叉的强度。

分叉变化：设置闪电分叉的变化。

高级闪电效果演示如图 6-125 ~图 6-127 所示。

图 6-124

图 6-125

图 6-126

图 6-127

7. 镜头光晕

镜头光晕效果可以模拟镜头拍摄发光的物体，经过多片镜头产生很多光环效果，这是后期制作中经常使用于提升画面效果的手法。镜头光晕效果参数设置如图 6-128 所示。

图 6-128

光晕中心：设置发光点的中心位置。

光晕亮度：设置光晕的亮度。

镜头类型：选择镜头的类型，有 50~300 毫米变焦、35 毫米定焦和 105 毫米定焦。

与原始图像混合：用于设置当前图层和原素材图像的混合程度。

镜头光晕效果演示如图 6-129 ~图 6-131 所示。

图 6-129

图 6-130

图 6-131

8. 单元格图案

单元格图案效果可以创建多种类型的类似细胞图案的、单元图案拼合效果。单元格图案效果参数设置如图 6-132 所示。

单元格图案：用于选择图案的类型。其包括"气泡""晶体""印板""静态板""晶格化""枕状""晶体 HQ""印板 HQ""静态板 HQ""晶格化 HQ""混合晶体"和"管状"。

反转：勾选此复选框，可反转图案效果。

对比度：用于设置单元格的颜色对比度。

溢出：包括"剪切""柔和夹住""背面包围"。

分散：用于设置图案的分散程度。

大小：用于设置单个图案大小尺寸。

偏移：用于设置图案偏离中心点的量。

平铺选项：在该选项下勾选"启用平铺"复选框后，可以设置水平单元格和垂直单元格的数值。

图 6-132

演化：为这个参数设置关键帧，可以记录运动变化的动画效果。

演化选项：用于设置图案的各种扩展变化。

循环（旋转次数）：用于设置图案的循环次数。

随机植入：用于设置生产单元格图案的使用值。

单元格图案效果演示如图 6-133 ~图 6-135 所示。

图 6-133

图 6-134

图 6-135

9．棋盘

棋盘效果能在图像上创建棋盘格的图案效果。棋盘效果的参数设置如图 6-136 所示。

锚点：用于设置棋盘格的位置。

大小依据：用于选择棋盘的尺寸类型，包括"角点""宽度滑块"和"宽度和高度滑块"。

图 6-136

边角：只有在"大小依据"中选中"角点"选项，才能激活此选项。

宽度：只有在"大小依据"中选中"宽度滑块"或"宽度和高度滑块"选项，才能激活此选项。

高度：只有在"大小依据"中选中"宽度滑块"或"宽度和高度滑块"选项，才能激活此选项。

羽化：用于设置棋盘格水平或垂直边缘的羽化程度。

颜色：用于选择棋盘格的颜色。

不透明度：用于设置棋盘的不透明度。

混合模式：选择棋盘与原图的混合方式。

棋盘效果演示如图 6-137 ~图 6-139 所示。

图 6-137

图 6-138

图 6-139

6.2.4 【实战演练】——制作光芒透视效果

使用"单元格图案"命令、"亮度和对比度"命令、"快速方框模糊"命令、"发光"命令制作光芒形状,利用"3D 图层"属性编辑透视效果。最终效果参看云盘中的"Ch06 > 制作光芒透视效果 > 制作光芒透视效果.aep",如图 6–140 所示。

扫码观看
本案例视频

图 6-140

6.3 制作光芒放射效果

6.3.1 【训练目标】

使用"分形杂色"命令、"定向模糊"命令、"色相/饱和度"命令、"发光"命令、"极坐标"命令制作光芒效果。最终效果参看云盘中的"Ch06 > 制作光芒放射效果 > 制作光芒放射效果.aep",如图 6–141 所示。

扫码观看
本案例视频

图 6-141

6.3.2 【案例操作】

步骤❶ 按 Ctrl+N 组合键,弹出"合成设置"对话框,在"合成设置"文本框中输入"最终效果",其他选项的设置如图 6–142 所示,单击"确定"按钮,创建一个新的合成"最终效果"。

步骤❷ 执行"文件 > 导入 > 文件"命令,在弹出的"导入文件"对话框中,选择云盘中的"Ch06 > 制作光芒放射效果 >(Footage)> 01.mp4"文件,单击"打开"按钮,把视频导入"项目"面板中,如图 6–143 所示。

图 6-142

图 6-143

步骤③ 在"项目"面板中，选中"01.mp4"文件，将其拖曳到"时间轴"面板中，按 S 键，展开"缩放"属性，设置"缩放"选项的数值为 67.0、67.0%，如图 6-144 所示。"合成"面板中的效果如图 6-145 所示。

图 6-144

图 6-145

步骤④ 执行"图层 > 新建 > 纯色"命令，弹出"纯色设置"对话框，在"名称"文本框中输入"放射光芒"，将"颜色"设置为黑色，单击"确定"按钮，在"时间轴"面板中新增一个黑色纯色图层，如图 6-146 所示。

步骤⑤ 选中"放射光芒"图层，执行"效果 > 杂波和颗粒 > 分形杂色"命令，在"效果控件"面板中进行参数设置，如图 6-147 所示。"合成"面板中的效果如图 6-148 所示。

图 6-146

图 6-147

图 6-148

步骤⑥ 将时间标签放置在 0s 的位置，在"效果控件"面板中，单击"演化"选项左侧的"关键帧自动记录器"按钮🕙，如图 6-149 所示，记录第 1 个关键帧。将时间标签放置在 04:24s 的位置，在"效果控件"面板中，设置"演化"选项的数值为 10x+0.0°，如图 6-150 所示，记录第 2 个关键帧。

图 6-149　　　　　　　　　　　　　　　图 6-150

步骤⑦ 将时间标签放置在 0s 的位置，选中"放射光芒"图层，执行"效果 > 模糊和锐化 > 定向模糊"命令，在"效果控件"面板中进行参数设置，如图 6-151 所示。"合成"面板中的效果如图 6-152 所示。

图 6-151　　　　　　　　　　　　　　　图 6-152

步骤⑧ 执行"效果 > 颜色校正 > 色相/饱和度"命令，在"效果控件"面板中进行参数设置，如图 6-153 所示。"合成"面板中的效果如图 6-154 所示。

图 6-153　　　　　　　　　　　　　　　图 6-154

步骤⑨　执行"效果 > 风格化 > 发光"命令，在"效果控件"面板中，设置"颜色 A"为蓝色（其 R、G、B 的值分别为 36、98、255），设置"颜色 B"为黄色（其 R、G、B 的值分别为 255、234、0），其他参数的设置如图 6-155 所示。"合成"面板中的效果如图 6-156 所示。

图 6-155　　　　　　　　　　　　　　　图 6-156

步骤⑩　执行"效果 > 扭曲 > 极坐标"命令，在"效果控件"面板中进行参数设置，如图 6-157 所示。"合成"面板中的效果如图 6-158 所示。

图 6-157　　　　　　　　　　　　　　图 6-158

步骤⑪　在"时间轴"面板中，设置"放射光芒"图层的混合模式为"相乘"，按 S 键，展开"缩放"属性，设置"缩放"选项的数值为 65.0、65.0%；按住 Shift 键的同时，按 T 键，展开"不透明度"属性，设置"不透明度"选项的数值为 75%；按住 Shift 键的同时，按 P 键，展开"位置"属性，设置"位置"选项的数值为 647.0、386.0，如图 6-159 所示。光芒放射效果制作完成，如图 6-160 所示。

图 6-159　　　　　　　　　　　　　　　图 6-160

6.3.3 【相关知识】

1. 凸出

凸出效果可以模拟图像透过气泡或放大镜时产生的放大效果。凸出效果参数设置如图 6-161 所示。

图 6-161

水平半径：用于设置膨胀镜效果的水平半径。

垂直平径：用于设置膨胀效果的垂直半径。

凸出中心：用于设置膨胀效果的中心定位点。

凸出高度：设置膨胀程度。正值为膨胀，负值为收缩。

锥形半径：用来设置膨胀边界的锐利程度。

消除锯齿（仅最佳品质）：反锯齿设置，只用于最高质量。

固定所有边缘：选中该复选框，可以固定所有边界。

凸出效果演示如图 6-162 ~图 6-164 所示。

图 6-162

图 6-163

图 6-164

2. 边角定位

边角定位效果通过改变 4 个角的位置使图像变形，可根据需要定位角点。可以拉伸、收缩、倾斜和扭曲图形，也可以用来模拟透视效果，还可以和运动遮罩层相结合，形成画中画的效果。边角定位效果参数设置如图 6-165 所示。

左上：设置左上定位点。

右上：设置右上定位点。

左下：设置左下定位点。

右下：设置右下定位点。

边角定位效果演示如图 6-166 所示。

图 6-165

图 6-166

3. 网格变形

网格变形效果使用网格化的曲线切片控制图像的变形区域。对网格变形效果的控制，在确定好网格数量之后，更多的是通过在合成图像中拖曳网格的节点来完成。网格变形效果参数设置如图 6-167 所示。

图 6-167

行数：用于设置行数。

列数：用于设置列数。

品质：用于设置图像遵循曲线定义的形状近似程度。

扭曲网格：用于制作扭曲动画。

网格变形效果演示如图 6-168 ~图 6-170 所示。

图 6-168　　　　　　　　　　图 6-169　　　　　　　　　　图 6-170

4. 极坐标

极坐标效果将图像的直角坐标转化为极坐标，以产生扭曲效果。极坐标效果参数设置如图 6-171 所示。

插值：设置扭曲程度。

变换类型：设置转换类型。极线到矩形表示将极坐标转化为直角坐标，矩形到极线表示将直角坐标转化为极坐标。

图 6-171

极坐标效果演示如图 6-172 ~图 6-174 所示。

图 6-172　　　　　　　　　　图 6-173　　　　　　　　　　图 6-174

5. 置换图

置换图效果是用另一张作为映射层的图像的像素来置换原图像像素，通过映射的像素颜色值使本图层变形，变形分水平和垂直两个方向。置换图效果参数设置如图 6-175 所示。

置换图层：选择作为映射层的图像。

用于水平置换、用于垂直置换：调节水平或垂直方向的通道。

最大水平置换、最大垂直置换：调节映射层的水平或垂直位置，在水平方向上，负值表示向左移动，正值表示向右移动；在垂直方向上，负值表示向下移动，正值表示向上移动，默认数值为-100.0 ~ 100.0。

置换图特性：选择映射方式。

边缘特性：设置边缘行为。

像素回绕：锁定边缘像素。

扩展输出：使此效果的结果伸展到原图像边缘外。

图 6-175

置换图效果演示如图 6-176 ~ 图 6-178 所示。

图 6-176

图 6-177

图 6-178

6. 分形杂色

分形杂色效果可以模拟烟、云、水流等纹理图案。分形杂色效果参数设置如图 6-179 所示。

分形类型：选择分形类型。

杂色类型：选择杂色类型。

反转：反转图像的颜色，将黑色和白色反转。

对比度：调节生成杂色图案的对比度。

亮度：调节生成杂色图案的亮度。

溢出：选择杂色图案的比例、旋转和偏移等。

变换：用于旋转、缩放和定位杂色图层的设置。

复杂度：设置杂色图案的复杂程度。

子设置：杂色的子分形变化的相关设置（如子分形影响力、子分形缩放等）。

图 6-179

演化：控制杂色的分形变化相位。

演化选项：控制分形变化的一些设置（循环、随机种子等）。

不透明度：设置生成的杂色图案的不透明度。

混合模式：设置生成的杂色图案与原素材图像的叠加模式。

分形杂色效果演示如图 6-180 ~图 6-182 所示。

图 6-181

图 6-180

图 6-182

7. 中间值

中间值效果使用指定半径范围内的像素的平均值来取代像素值。指定较低值时，该效果可以用来减少画面中的杂点；取高值时，会产生一种绘画效果。中间值（旧版）效果参数设置如图 6-183 所示。

图 6-183

半径：指定像素半径。

在 Alpha 通道上运算：选中该复选框应用于 Alpha 通道运算中间值。

中间值（旧版）效果演示如图 6-184 ~图 6-186 所示。

图 6-184

图 6-185

图 6-186

8. 移除颗粒

移除颗粒效果可以移除杂点或颗粒。移除颗粒效果参数设置如图 6-187 所示。

查看模式：设置查看的模式，可以选择预览、杂波取样、混合蒙版、最终输出。

预览区域：设置预览区域的大小、位置等。

杂色深度减低设置：对杂点或噪波进行设置。

微调：对材质、尺寸、色泽等进行精细的设置。

临时过滤：是否开启临时过滤。

钝化蒙版：设置反锐化遮罩。

采样：设置各种采样情况、采样点等参数。

与原始图像混合：用于混合原始图像。

移除颗粒效果演示如图 6-188 ~图 6-190 所示。

图 6-187

图 6-188

图 6-189

图 6-190

9. 泡沫

泡沫效果可生成流动、粘附和弹出的气泡。泡沫效果参数设置如图 6-191 所示。

视图：在该下拉列表中，可以选择气泡效果的显示方式。"草图"方式以草图模式渲染气泡效果，虽然不能在该方式下看到气泡的最终效果，但是可以预览气泡的运动方式和设置状态，该方式的计算速度非常快。为效果指定影响通道后，使用"草图+流动映射"方式可以看到指定的影响对象。在"已渲染"方式下可以预览气泡的最终效果，但是计算速度相对较慢。

制作者：用于对气泡的粒子发射器设置相关参数，如图 6-192 所示。

产生点：用于控制发射器的位置。所有的气泡粒子都由发射器产生，就好像在水枪中喷出气泡一样。

产生 X、Y 大小：分别控制发射器的大小。在"草图"或者"草图+流动映射"状态下预览效果时，可以观察发射器。

产生方向：用于旋转发射器，使气泡产生旋转效果。

缩放产生点：可缩放发射器的位置。若不选择此复选框，则系统默认以发射效果点为中心缩放发射器的位置。

产生速率：用于控制发射速度。一般情况下，数值越高，发射速度越快，单位时间内产生的气泡粒子也越多。当数值为 0 时，不发射粒子。系统发射粒子时，在特效的开始位置，粒子数目为 0。

气泡：可对气泡粒子的尺寸、生命值以及强度进行控制，如图 6-193 所示。

图 6-191　　　　　　　　　图 6-192　　　　　　　　　

图 6-193

大小：用于控制气泡粒子的尺寸。数值越大，每个气泡的粒子越大。

大小差异：用于控制粒子的大小差异。数值越高，每个粒子的大小差异越大。数值为 0 时，每个粒子的最终大小相同。

寿命：用于控制每个粒子的生命值。每个粒子在发射产生后，最终都会消失。生命值即粒子从产生到消亡的时间。

气泡增长速度：用于控制每个粒子生长的速度，即粒子从产生到最终大小的时间。

强度：用于控制粒子效果的强度。

物理学：该参数影响粒子运动因素，如初始速度、风速、混乱度及活力等，如图 6-194 所示。

图 6-194

初始速度：用于控制粒子特效的初始速度。

初始方向：用于控制粒子特效的初始方向。

风速：用于控制影响粒子的风速，就好像一阵风吹动粒子一样。

风向：用于控制风的方向。

湍流：用于控制粒子的混乱度。该数值越大，粒子运动越混乱，同时向四面八方发散；数值较小，则粒子运动较为有序和集中。

摇摆量：用于控制粒子的摇摆强度。该值较大时，粒子会产生摇摆变形。

排斥力：用于在粒子间产生排斥力。数值越高，粒子间的排斥性越强。

弹跳速度：用于控制粒子的总速率。

粘度：用于控制粒子的粘度。数值越小，粒子堆砌得越紧密。

粘性：用于控制粒子间的粘着程度。

缩放：对粒子效果进行缩放。

综合大小：该参数控制粒子效果的综合尺寸。在"草图"或者"草图+流动映射"状态下预览效果时，可以观察综合尺寸范围框。

图 6-195

正在渲染：该参数栏控制粒子的"渲染"属性，如"混合模式"下的粒子纹理及反射效果等。该参数栏的设置效果仅在渲染模式下才能看到。渲染效果参数设置如图 6-195 所示。

混合模式：用于控制粒子间的融合模式。在"透明"方式下，粒子与粒子间进行透明叠加。

气泡纹理：可在该下拉列表中选择气泡粒子的材质。

气泡纹理分层：用于指定用作气泡图像的图层。

气泡方向：在该下拉列表中选择气泡的方向。可以使用默认的坐标，也可以使用物理参数控制方向，还可以根据气泡速率进行控制。

环境映射：所有的气泡粒子都可以对周围的环境进行反射。可以在该下拉列表中指定气泡粒子的反射层。

反射强度：用于控制反射的强度。

反射融合：用于控制反射的融合度。

流动映射：在该参数栏中指定一个图层来影响粒子效果。在"流动映射"下拉列表中，可以选择对粒子效果产生影响的目标图层。选择目标图层后，在"草图+流动映射"状态下，可以看到流动映射，如图 6-196 所示。

图 6-196

流动映射黑白对比：用于控制参考图对粒子的影响。

流动映射匹配：在该下拉列表中选择参考图的大小。可以使用合成图像屏幕大小和粒子效果的总体范围大小。

模拟品质：在该下拉列表中，选择气泡粒子的仿真质量。

泡沫效果演示如图 6-197~ 图 6-199 所示。

图 6-197　　　　　　　图 6-198　　　　　　　图 6-199

10. 查找边缘

查找边缘效果通过强化过渡像素来产生彩色线条。查找边缘效果参数设置如图 6-200 所示。

反转：选中该复选框，将反向勾边结果。

与原始图像混合：用于设置与原始素材图像的混合比例。

查找边缘效果演示如图 6-201 ~图 6-203 所示。

图 6-200

图 6-201　　　　　　　图 6-202　　　　　　　图 6-203

11. 发光

发光效果经常用于对图像中的文字和带有 Alpha 通道的图像，制作发光或光晕效果。发光效果参数设置如图 6-204 所示。

发光基于：用于控制发光效果基于哪一种通道方式。

发光阈值：用于设置发光的阈值，其影响到发光的覆盖面。

发光半径：用于设置发光的发光半径。

发光强度：用于设置发光的发光强度，其影响到发光的亮度。

合成原始项目：用于设置与原始素材图像的合成方式。

发光操作：发光的发光模式，类似图层模式的选择。

发光颜色：用于设置发光的颜色。

图 6-204

颜色循环：用于设置发光颜色的循环方式。

颜色循环：用于设置发光颜色循环的数值。

色彩相位：用于设置发光的颜色相位。

A 和 B 中点：用于设置发光的颜色 A 和颜色 B 的中点百分比。

颜色 A：用于选择颜色 A。

颜色 B：用于选择颜色 B。

发光维度：用于设置发光作用的方向，是水平的和垂直的，还是两者兼有。

发光效果演示如图 6-205 ~图 6-207 所示。

| 图 6-205 | 图 6-206 | 图 6-207 |

6.3.4 【实战演练】——制作气泡效果

使用"泡沫"命令制作气泡并编辑属性。最终效果参看云盘中的"Ch06 > 制作气泡效果 > 制作气泡效果.aep"，如图 6-208 所示。

图 6-208

6.4 综合案例——制作保留颜色效果

使用"曲线"命令、"保留颜色"命令、"色相/饱和度"命令调图片局部颜色效果，使用"横排文字"工具输入文字。最终效果参看云盘中的"Ch06 > 制作保留颜色效果 > 制作保留颜色效果.aep"，如图 6-209 所示。

图 6-209

6.5	综合案例——制作随机线条效果

使用"照片滤镜"命令和"自然饱和度"命令调整视频的色调,使用"分形杂色"命令制作随机线条效果。最终效果参看云盘中的"Ch06 > 制作随机线条效果 > 制作随机线条效果.aep",如图 6-210 所示。

图 6-210

07

第7章
跟踪与表达式

本章对 After Effects CC 2019 中的"跟踪与表达式"进行了介绍，重点讲解运动跟踪中的单点跟踪和多点跟踪、表达式中的创建表达式和编辑表达式。通过对本章的学习，读者可以制作影片自动生成的动画，完成最终的影片效果。

课堂学习目标

- ✔ 熟练掌握单点跟踪的创建方式
- ✔ 熟练掌握多点跟踪的创建方式
- ✔ 掌握表达式的使用方法

思政课堂

惜时如金

7.1 制作眼部追光效果

7.1.1 【训练目标】

使用"空对象"命令新建空图层，使用"跟踪器"命令添加跟踪点。最终效果参看云盘中的"Ch07 > 制作眼部追光效果 > 制作眼部追光效果.aep"，如图 7-1 所示。

图 7-1

扫 码 观 看
本案例视频

7.1.2 【案例操作】

制作跟踪点

步骤① 按 Ctrl+N 组合键，弹出"合成设置"对话框，在"合成名称"文本框中输入"最终效果"，其他选项的设置如图 7-2 所示，单击"确定"按钮，创建一个新的合成"最终效果"。执行"文件 > 导入 > 文件"命令，在弹出的"导入文件"对话框中，选择云盘中的"Ch07 > 制作眼部追光效果 > (Footage) > 01.avi"文件，单击"导入"按钮，把视频文件导入"项目"面板中，如图 7-3 所示。

图 7-2

图 7-3

步骤② 在"项目"面板中，选中"01.avi"文件并将其拖曳到"时间轴"面板中，按 S 键，展开"缩放"属性，设置"缩放"选项的数值为"67.0，67.0%"，如图 7-4 所示。"合成"面板中的效果如图 7-5 所示。

图 7-4

图 7-5

步骤❸ 执行"图层 > 新建 > 空对象"命令，在"时间轴"面板中新增一个"空 1"图层，如图 7-6 所示。按 S 键，展开"缩放"属性，设置"缩放"选项的数值为"67.0，67.0%"；按住 Shift 键的同时，按 A 键，展开"锚点"属性，设置"锚点"选项的数值为"48.0，52.0"，如图 7-7 所示。

图 7-6　　　　　　　　　　图 7-7

步骤❹ 执行"窗口 > 跟踪器"命令，打开"跟踪器"面板，如图 7-8 所示。选中"01.avi"层，在"跟踪器"面板中，单击"跟踪运动"按钮，面板处于激活状态，如图 7-9 所示。"合成"面板中的效果如图 7-10 所示。

图 7-8　　　　　　图 7-9　　　　　　　　图 7-10

步骤❺ 把控制点拖曳到眉心的位置，如图 7-11 所示。在"跟踪器"面板中单击"向前分析"按钮▶ 自动跟踪计算，如图 7-12 所示。

图 7-11　　　　　　　　　　图 7-12

步骤❻ 在"跟踪器"面板中单击"应用"按钮，如图 7-13 所示，弹出"动态跟踪器应用选项"对话框，单击"确定"按钮，如图 7-14 所示。

图 7-13　　　　　　图 7-14

步骤 7 选中"01.avi"图层，按 U 键，展开所有有关键帧，可以看到刚才的控制点经过跟踪计算后所产生的一系列关键帧，如图 7-15 所示。

图 7-15

步骤 8 选中"空 1"图层，按 U 键，展开所有有关键帧，同样可以看到由于跟踪所产生的一系列关键帧，如图 7-16 所示，眼部追光效果制作完成。

图 7-16

7.1.3 【相关知识】

1. 单点跟踪

在某些合成效果中，可能需要用某种效果跟踪另一个物体运动，从而创建出想要的效果。例如，动态跟踪通过追踪高尔夫球单独一个点的运动轨迹，使调节层图与高尔夫球的运动轨迹相同，完成合成效果，如图 7-17 所示。

执行"动画 > 跟踪运动"命令或"窗口 > 跟踪器"命令，打开"跟踪器"面板，在"图层"面板中显示当前图层。设置"跟踪类型"为"变换"，制作单点跟踪效果。在该面板中还可以分别设置"跟踪摄像机""变形稳定器""跟踪运动""稳定运动""运动源""当前跟踪""跟踪类型""位置""旋转""缩放""编辑目标""选项""分析""重置"和"应用"等，与"图层"面板相结合，可以设置单点跟踪，如图 7-18 所示。

图 7-17

图 7-18

2. 多点跟踪

在某些影片的合成过程中，经常需要将动态影片中的某一部分图像设置成其他图像，并生成跟踪效果，制作出想要的结果。例如，将一段影片与另一个指定的图像进行置换合成。动态跟踪通过追踪标牌上的 4 个点的运动轨迹，使指定置换的图像与标牌的运动轨迹相同，完成合成效果，合成前的效果与合成后的效果分别如图 7-19 和图 7-20 所示。

多点跟踪效果的设置与单点跟踪效果的设置大部分相同，只是选择"跟踪类型"为"透视边角定位"，指定类型后，在"图层"面板中，会由原来的定义 1 个跟踪点，变成定义 4 个跟踪点的位置制作多点跟踪效果，如图 7-21 所示。

图 7-19   图 7-20   图 7-21

7.1.4 【实战演练】——制作多点跟踪效果

使用"跟踪器"命令编辑多个跟踪点，改变不同的位置。最终效果参看云盘中的"Ch07 > 制作多点跟踪效果 > 制作多点跟踪效果.aep"，如图 7-22 所示。

图 7-22

7.2 制作放大镜效果

7.2.1 【训练目标】

使用"导入"命令导入图片，使用"向后平移（锚点）"工具改变中心点位置效果，使用"球面化"命令制作球面效果，使用"添加表达式"命令制作放大效果。最终效果参看云盘中的"Ch07 > 制作放大镜效果 > 制作放大镜效果.aep"，如图 7-23 所示。

图 7-23

7.2.2 【案例操作】

步骤① 按 Ctrl+N 组合键，弹出"合成设置"对话框，在"合成名称"文本框中输入"最终效果"，其他选项的设置如图 7-24 所示，单击"确定"按钮，创建一个新的合成"最终效果"。

步骤② 执行"导入 > 文件 > 导入"命令，在弹出的"导入文件"对话框中，选择云盘中的"Ch07 > 制作放大镜效果 >（Footage）> 01.png、02.jpg"文件，单击"导入"按钮，把图片导入"项目"面板中，如图 7-25 所示。

步骤③ 在"项目"面板中，选中"01.png"和"02.jpg"文件并将它们拖曳到"时间轴"面板中，图层的排列如图 7-26 所示。

图 7-24   图 7-25   图 7-26

步骤④ 选中"01.png"图层，选择"向后平移（锚点）"工具，在"合成"面板中按住鼠标左键，调整放大镜的中心点位置，如图 7-27 所示。

步骤⑤ 将时间标签放置在 0s 的位置，按 P 键，展开"位置"属性，设置"位置"选项的数值为"318.5，194.7"，单击"位置"选项左侧的"关键帧自动记录器"按钮，如图 7-28 所示，记录第 1 个关键帧。

图 7-27   图 7-28

步骤⑥ 将时间标签放置在 2s 的位置，设置"位置"选项的数值为"496.8，591.0"，如图 7-29 所示，记录第 2 个关键帧。将时间标签放置在 4s 的位置，设置"位置"选项的数值为"769.4、293.8"，如图 7-30 所示，记录第 3 个关键帧。

图 7-29

图 7-30

步骤⑦ 将时间标签放置在 0s 的位置，选中"01.png"层，按 R 键，展开"旋转"属性，单击"旋转"选项左侧的"关键帧自动记录器"按钮🕐，记录第 1 个关键帧，如图 7-31 所示。将时间标签放置在 2s 的位置，设置"旋转"选项的数值为 0x-48.0°，记录第 2 个关键帧，如图 7-32 所示。

图 7-31

图 7-32

步骤⑧ 将时间标签放置在 4s 的位置，设置"旋转"选项的数值为 0x-39.0°，如图 7-33 所示，记录第 3 个关键帧。"合成"面板中的效果如图 7-34 所示。

图 7-33

图 7-34

步骤⑨ 将时间标签放置在 0s 的位置，选中"02.jpg"层，执行"效果 > 扭曲 > 球面化"命令，在"效果控件"面板中进行参数设置，如图 7-35 所示。"合成"面板中的效果如图 7-36 所示。

图 7-35

图 7-36

步骤⑩ 在"时间轴"面板中，展开"球面化"属性，选中"球体中心"选项，执行"动画 > 添加表达式"命令，为"球体中心"属性添加一个表达式。在"时间轴"面板右侧输入表达式代码"thisComp.layer("01.png").position"，如图 7-37 所示。

图 7-37

步骤⑪ 放大镜效果制作完成，如图 7-38 所示。

图 7-38

7.2.3 【相关知识】

1．创建表达式

在"时间轴"面板中选择一个需要增加表达式的控制属性，在菜单栏中执行"动画 > 添加表达式"命令激活该属性，如图 7-39 所示。属性被激活后，可以在该属性条中直接输入表达式覆盖现有的文字，表达式的属性中会自动增加启用开关█、显示图表█、表达式拾取◎和语言菜单▶等工具，如图 7-40 所示。

图 7-39

图 7-40

编写、添加表达式的工作都在"时间轴"面板中完成，将一个层属性的表达式添加到"时间轴"面板时，一个默认的表达式就出现在该属性下方的表达式编辑区中，在这个表达式编辑区中可以输入新的表达式或修改表达式的值。许多表达式依赖层属性名，如果改变一个表达式所在图层的属性名或图层名，那么这个表达式可能产生一个错误的消息。

2. 编写表达式

可以在"时间轴"面板中的表达式编辑区中直接编写表达式，或通过其他文本工具编写。在其他文本工具中编写表达式，只需将表达式复制粘贴到表达式编辑区中即可。在编写表达式时，可能需要一些 JavaScript 语法和数学基础知识。

编写表达式时需要注意以下事项：JavaScript 语句区分大小写；一段或一行程序后需要加";"符号，使词间空格被忽略。

在 After Effects 中，可以用表达式语言访问属性值。访问属性值时，用"."符号将对象连接起来，例如，连接 Effect、masks、文字动画，可以用"（）"符号；将图层 A 的 Opacity 连接到图层 B 的高斯模糊的 Blurriness 属性，可以在图层 A 的 Opacity 属性下面输入如下表达式。

thisComp.layer("layer B").effect("Gaussian Blur") ("Blurriness")

表达式的默认对象是表达式中对应的属性，接着是图层中内容的表达，因此，没有必要指定属性。例如，在图层的位置属性上编写摆动表达式可以用如下两种方法。

wiggle(5,10)

position.wiggle(5,10)

表达式中可以包括图层及其属性。例如，将图层 B 的 Opacity 属性与图层 A 的 Position 属性相连的表达式为：

thisComp.layer(layerA).position[0].wiggle(5,10)

为属性添加表达式后，可以连续对属性进行编辑、增加关键帧。编辑或创建的关键帧的值将在表达式以外的地方使用。

编写好表达式后，可以将它存储，以便将来复制粘贴，还可以在记事本中编辑表达式。但是表达式是针对图层编写的，不允许简单地将表达式存储和装载到一个项目。要存储表达式以便用于其他项目，可能要加注解或存储整个项目文件。

7.2.4 【实战演练】——制作时钟效果

使用"导入"命令导入素材文件，使用"旋转"属性制作旋转动画，使用"跟踪"命令添加跟踪点。最终效果参看云盘中的"Ch07 > 制作时钟效果 > 制作时钟效果.aep"，如图 7-41 所示。

图 7-41

7.3 综合案例——制作跟踪老鹰飞行效果

使用"导入"命令导入视频文件，使用"跟踪器"命令编辑并进行单点跟踪，最终效果参看云盘中的"Ch07 > 制作跟踪老鹰飞行效果 > 制作跟踪老鹰飞行效果.aep"，如图 7-42 所示。

图 7-42

7.4 综合案例——制作对象运动跟踪效果

使用"导入"命令导入视频文件，使用"跟踪器"命令编辑多个跟踪点改变不同的位置。最终效果参看云盘中的"Ch07 > 制作对象运动跟踪效果 > 制作对象运动跟踪效果.aep"，如图 7-43 所示。

图 7-43

08

第 8 章
抠 像

　　本章对 After Effects 中的抠像功能进行了详细讲解，包括颜色差值抠像、颜色抠像、颜色范围抠像、差值遮罩抠像、提取抠像、内外抠像、线性颜色抠像、亮度抠像、高级溢出抑制器和外挂抠像等内容。通过对本章的学习，读者可以自如地应用抠像功能进行实际创作。

课堂学习目标

✔ 熟练掌握抠像效果的操作方法
✔ 熟练掌握外挂抠像的使用方法

8.1 制作数码家电广告效果

8.1.1 【训练目标】

使用"颜色差值键"命令修复图片效果，使用"位置"属性设置图片的位置，使用"不透明度"属性制作图片动画效果。最终效果参看云盘中的"Ch08 > 制作数码家电广告效果 > 制作数码家电广告效果.aep"，如图 8-1 所示。

图 8-1

8.1.2 【案例操作】

步骤❶ 按 Ctrl+N 组合键，弹出"合成设置"对话框，在"合成名称"文本框中输入"抠像"，其他选项的设置如图 8-2 所示，单击"确定"按钮，创建一个新的合成"抠像"。执行"文件 > 导入 > 文件"命令，弹出"导入文件"对话框，选择云盘中的"Ch08 > 制作数码家电广告效果 >(Footage) > 01.jpg、02.jpg"文件，如图 8-3 所示，单击"导入"按钮，导入图片。

图 8-2　　　　　　　　　　　　　图 8-3

步骤❷ 在"项目"面板中选中"02.jpg"文件，并将其拖曳到"时间轴"面板中，如图 8-4 所示。"合成"面板中的效果如图 8-5 所示。

图 8-4　　　　　　　　　　　　　图 8-5

步骤③ 选中"02.jpg"图层，执行"效果 > 抠像 > 颜色差值键"命令，选择"主色"选项右侧的吸管工具 ，如图 8-6 所示，吸取背景素材上的蓝色。"合成"面板中的效果如图 8-7 所示。

图 8-6   图 8-7

步骤④ 在"效果控件"面板中进行参数设置，如图 8-8 所示。"合成"面板中的效果如图 8-9 所示。

图 8-8   图 8-9

步骤⑤ 按 Ctrl+N 组合键，弹出"合成设置"对话框，在"合成名称"文本框中输入"最终效果"，其他选项的设置如图 8-10 所示，单击"确定"按钮，创建一个新的合成"最终效果"。在"项目"面板中选择"01.jpg"文件和"抠像"合成，并将它们拖曳到"时间轴"面板中，图层的排列如图 8-11 所示。

图 8-10   图 8-11

步骤⑥ 选中"抠像"图层，按 P 键，展开"位置"属性，设置"位置"选项的数值为"989.0，360.0"，如图 8-12 所示。"合成"面板中的效果如图 8-13 所示。

图 8-12　　　　　　　　　　　　图 8-13

步骤⑦ 将时间标签放置在 0s 的位置，按 T 键，展开"不透明度"属性，设置"不透明度"选项的数值为 0%，单击"不透明度"选项左侧的"关键帧自动记录器"按钮 ，如图 8-14 所示，记录第 1 个关键帧。

步骤⑧ 将时间标签放置在 00:02s 的位置，在"时间轴"面板中设置"不透明度"选项的数值为 100%，如图 8-15 所示，记录第 2 个关键帧。

图 8-14　　　　　　　　　　　　图 8-15

步骤⑨ 将时间标签放置在 00:04s 的位置，在"时间轴"面板中设置"不透明度"选项的数值为 0%，如图 8-16 所示，记录第 3 个关键帧。将时间标签放置在 00:06s 的位置，在"时间轴"面板中设置"不透明度"选项的数值为 100%，如图 8-17 所示，记录第 4 个关键帧。数码家电广告效果制作完成。

图 8-16　　　　　　　　　　　　图 8-17

8.1.3 【相关知识】

1. 颜色差值键

颜色差值键把图像划分为两个蒙版透明效果。局部蒙版 B 使指定的抠像颜色变为透明，局部蒙版 A 使图像中不包含第二种不同颜色的区域变为透明。这两种蒙版效果联合起来就得到最终的第三种蒙版效果，即背景变为透明。

颜色差值键抠像预览区的左侧缩略图表示原始图像，右侧缩略图表示蒙版效果， 吸管工具用于在原始图像缩略图中拾取抠像颜色， 吸管工具用于在蒙版缩略图中拾取透明区域的颜色， 吸管工具用于在蒙版缩略图中拾取不透明区域的颜色，如图 8-18 所示。

图 8-18

视图：指定合成视图中显示的合成效果。

主色：通过吸管拾取透明区域的颜色。

颜色匹配准确度：用于控制匹配颜色的准确度。屏幕不包含主色调会得到较好的效果。

蒙版控制：调整通道中的"黑色遮罩""白色遮罩"和"遮罩灰度系数"参数值，来修改图像蒙版的透明度。

2．**颜色键**

颜色键可以抠出与指定的主色相似的图像像素。颜色键参数设置如图 8-19 所示。

图 8-19

主色：通过吸管工具拾取透明区域的颜色。

颜色容差：用于调节与抠像颜色匹配的颜色范围。该参数值越高，抠取的颜色范围就越大；该参数值越低，抠取的颜色范围就越小。

薄化边缘：减少所选区域边缘的像素值。

羽化边缘：用于设置抠像区域的边缘以产生柔和羽化效果。

3．**颜色范围**

颜色范围可以去除 Lab、YUV 和 RGB 模式中指定的颜色范围，创建透明效果。用户可以对多种颜色组成的背景屏幕图像，如有不均匀光照且包含同种颜色阴影的蓝色或绿色屏幕图像应用该效果，如图 8-20 所示。

图 8-20

模糊：用于设置选区边缘的模糊量。

色彩空间：用于设置颜色之间的距离，有 Lab、YUV 和 RGB 共 3 种选项，各选项对颜色的不同变化有不同的反应。

最大值、最小值：对图层的透明区域进行微调。

4. 差值遮罩

差值遮罩可以对比源图层与对比图层的颜色值，将源图层中与对比图层颜色相同的像素删除，从而创建透明效果。该效果的典型应用是将一个复杂背景中的移动物体合成到其他场景中，通常对比图层采用源图层的背景图像。差值遮罩参数设置如图 8-21 所示。

图 8-21

差值图层：设置将哪一层作为对比层。

如果图层大小不同：设置对比层与源图像层的大小匹配方式，有居中和拉伸两种适配方式。

匹配容差：用于设置图层之间的颜色匹配程度，指定透明度数量。值越低，透明度越低；值越高，透明度越高。

匹配柔和度：用于柔化透明和不透明区域之间的边缘。值越高，匹配的像素越透明，但匹配像素的数量不会增加。

差值前模糊：细微模糊两个控制层中的颜色噪点。

5. 提取

提取通过图像的亮度范围来创建透明效果。图像中所有与指定的亮度范围相近的像素都将被删除，具有黑色或白色背景的图像，或者是包含多种颜色的黑暗或明亮的背景图像最适合创建透明效果，提取还可以用来删除影片中的阴影，如图 8-22 所示。

图 8-22

6. 内部/外部键

内部/外部键通过图层的遮罩路径来确定要隔离的物体边缘，从而把前景物体从它的背景中隔离出来。例如，利用该效果可以将具有不规则边缘的物体从它的背景中分离出来，这里使用的遮罩路径可以十分粗略，不一定正好在物体的边缘，如图 8-23 所示。

图 8-23

7. 线性颜色键

线性颜色键既可以用来抠像，又可以用来保护不应删除的颜色区域，避免误删，其参数设置如图 8-24 所示。如果在图像中抠出的物体包含被抠像颜色，则对其进行抠像时，这些区域可能也会变成透明区域，这时对图像施加该效果，然后在"效果控制"面板中选择"主要操作"为"保持颜色"，找回不该删除的部分。

图 8-24

8. 亮度键

亮度键是根据图层的亮度对图像进行抠像处理的，可以将图像中具有指定亮度的所有像素都删除，从而创建透明效果，而图层质量设置不会影响滤镜效果，如图 8-25 所示。

图 8-25

键控类型：包括抠出较亮区域、抠出较暗区域、抠出与亮度相似的区域和抠出与亮度不同的区域等抠像类型。

阈值：设置抠像的亮度极限数值。

容差：指定接近抠像极限数值的像素范围，数值的大小可以直接影响抠像区域。

薄化边缘：用于设置抠像区域边缘的宽度。

羽化边缘：用于设置抠像区域边缘的柔和程度。

9. 高级溢出抑制器

高级溢出抑制器可以去除键控后图像残留的键控色的痕迹，消除图像边缘溢出的键控色，这些溢出的键控色常常是由背景的反射造成的，如图 8-26 所示。

图 8-26

8.1.4 【实战演练】——制作促销广告效果

使用"颜色差值键"命令修复图片效果，使用"缩放"属性和"位置"属性编辑图片的大小及位置。最终效果参看云盘中的"Ch08 > 制作促销广告效果 > 制作促销广告效果.aep"，如图 8-27 所示。

图 8-27

8.2 制作澳大利亚旅游广告效果

8.2.1 【训练目标】

使用"Keylight"命令修复图片效果，使用"位置"属性设置图片的位置。最终效果参看云盘中的"Ch08 > 制作澳大利亚旅游广告效果 > 制作澳大利亚旅游广告效果.aep"，如图 8-28 所示。

扫 码 观 看
本案例视频

图 8-28

8.2.2　【案例操作】

步骤❶ 按 Ctrl+N 组合键，弹出"合成设置"对话框，在"合成名称"文本框中输入"最终效果"，其他选项的设置如图 8-29 所示，单击"确定"按钮，创建一个新的合成"最终效果"。

步骤❷ 执行"文件 > 导入 > 文件"命令，在弹出的"导入文件"对话框中，选择云盘中"Ch08 > 制作澳大利亚旅游广告效果 >（Footage）> 01.jpg、02.jpg"文件，单击"导入"按钮，将图片导入"项目"面板中，如图 8-30 所示。

图 8-29

图 8-30

步骤❸ 在"项目"面板中，选中"01.jpg"和"02.jpg"文件，并将它们拖曳到"时间轴"面板中，图层的排列如图 8-31 所示。"合成"面板中的效果如图 8-32 所示。

图 8-31

图 8-32

步骤④ 选中"02.jpg"图层，执行"效果 > Keylight > Keylight (1.2)"命令，在"效果控件"面板中单击"Screen Colour"选项右侧的吸管工具，如图 8-33 所示，在"合成"面板中的绿色背景上单击鼠标吸取颜色，效果如图 8-34 所示。

| 图 8-33 | 图 8-34 |

步骤⑤ 选中"02.jpg"图层，按 P 键，展开"位置"属性，设置"位置"选项的数值为"206.0, 360.0"，单击"位置"选项左侧的"关键帧自动记录器"按钮，如图 8-35 所示，记录第 1 个关键帧。

步骤⑥ 将时间标签放置在 00:10s 的位置，在"时间轴"面板中设置"位置"选项的数值为"640.0, 360.0"，如图 8-36 所示。记录第 2 个关键帧。澳大利亚旅游广告效果制作完成。

| 图 8-35 | 图 8-36 |

8.2.3 【相关知识】

"抠像"一词是从早期电视制作中得来的，英文称作"Keylight"，意思就是吸取画面中的某种颜色作为透明色，将它从画面中删除，从而使背景透出来，形成两层画面的叠加合成。这样在室内拍摄的人物经抠像后与各景物叠加在一起，形成了各种奇特的效果，如图 8-37 所示。

图 8-37

Keylight（1.2）是自 After Effects CS4 版本后新增的一个抠图插件，通过对不同参数的设置，可以对图像进行精细的抠像处理，如图 8-38 所示。

View（视图）：用于设置抠像时显示的视图。

Unpremultiply Result（非预乘结果）：勾选此复选框，表示不显示图像的 Alpha 通道，反之为显示图像的 Alpha 通道。

Screen Colour（屏幕颜色）：用于设置要抠除的颜色。也可以单击该选项右侧的"吸管"工具，在要抠除的颜色上直接吸取。

Screen Gain（屏幕增益）：用于设置抠像后 Alpha 的暗部区域细节。

Screen Balance（屏幕平衡）：用于设置抠除颜色的平衡。

Despill Bias（去除溢色偏移）：用于设置抠除区域的颜色恢复程度。

Alpha Bias（偏移）：用于设置抠除 Alpha 部分的颜色恢复程度。

图 8-38

Lock Biases Together（锁定所有偏移）：勾选此复选框，可以在设置抠除时，设定偏差值。

Screen Pre-blur（屏幕预模糊）：用于设置抠除部分边缘的模糊效果，比较适合有明显噪点的图像。

Screen Matte（屏幕蒙版）：用于设置抠除区域影像的属性。

Inside Mask（内部蒙版）：用于设置抠像时为图像添加内侧蒙版属性。

Outside Mask（外部蒙版）：用于设置抠像时为图像添加外侧蒙版属性

Foreground Colour Correction（前景颜色校正）：用于设置蒙版影像的色彩属性。

Edge Colour Correction（边缘颜色校正）：用于设置抠除区域的边缘属性。

Source Crops（源裁剪）：用于设置裁剪影像的属性。

8.2.4 【实战演练】——制作复杂抠像效果

使用"缩放"属性改变图片大小，使用"Keylight"命令修复图片效果。最终效果参看云盘中的"Ch08 > 制作复杂抠像效果 > 制作复杂抠像效果.aep"，如图 8-39 所示。

图 8-39

扫码观看
本案例视频

8.3 综合案例——制作洗衣机广告效果

使用"颜色键"命令去除图片背景，使用"投影"命令为图片添加投影，使用"位置"属性改变图片位置。最终效果参看云盘中的"Ch08 > 制作洗衣机广告效果 > 制作洗衣机广告效果.aep"，如图 8-40 所示。

图 8-40

8.4 综合案例——制作运动鞋广告效果

使用"Keylight"命令修复图片效果；利用"缩放"属性和"不透明度"属性制作运动鞋动画。最终效果参看云盘中的"Ch08 > 制作运动鞋广告效果 > 制作运动鞋广告效果.aep"，如图 8-41 所示。

图 8-41

09

第9章
添加声音效果

　　本章对声音的导入和声音面板进行了详细讲解，其中包括声音的导入与监听、声音长度的缩放、声音的淡入淡出、声音的倒放、低音和高音、声音的延迟、变调与和声等内容。通过对本章的学习，读者可以掌握 After Effects 的声音效果制作。

课堂学习目标

- ✔ 掌握导入声音的方法
- ✔ 掌握声音的缩放和淡出
- ✔ 熟练掌握声音效果面板

9.1 为《女孩》短片添加背景音乐

9.1.1 【训练目标】

使用"导入"命令导入声音、视频文件，通过"音频电平"选项制作背景音乐效果。最终效果参看云盘中的"Ch09 > 为《女孩》短片添加背景音乐 > 为《女孩》短片添加背景音乐.aep"，如图 9-1 所示。

扫码观看
本案例视频

图 9-1

9.1.2 【案例操作】

步骤① 按 Ctrl+N 组合键，弹出"合成设置"对话框，在"合成名称"文本框中输入"最终效果"，其他选项的设置如图 9-2 所示，单击"确定"按钮，创建一个新的合成"最终效果"。执行"文件 > 导入 > 文件"命令，弹出"导入文件"对话框，选择云盘中的"Ch09 > 为《女孩》短片添加背景音乐 >(Footage) > 01.avi、02.wma"文件，如图 9-3 所示，单击"导入"按钮，导入文件。

图 9-2

图 9-3

步骤② 在"项目"面板中选中"01.avi"和"02.wma"文件，并将它们拖曳到"时间轴"面板中，图层的排列如图 9-4 所示。将时间标签放置在 6s 的位置，如图 9-5 所示。

图 9-4

图 9-5

步骤❸ 选中"02.wma"图层，展开"音频"属性，单击"音频电平"选项左侧的"关键帧自动记录器"按钮，记录第 1 个关键帧，如图 9-6 所示。

步骤❹ 将时间标签放置在 07：00s 的位置，在"时间轴"面板中，设置"音频电平"选项的数值为 −26.00dB，如图 9-7 所示，记录第 2 个关键帧。为《女孩》短片添加背景音乐效果制作完成。

图 9-6

图 9-7

9.1.3 【相关知识】

1. **声音的导入与监听**

启动 After Effects，执行"文件 > 导入 >文件"命令，在弹出的"导入文件"对话框中，选择云盘中的"基础素材 > Ch09 > 01.mp4"文件，单击"打开"按钮导入文件。在"项目"面板中选中该素材，预览窗口下方出现了声波图形，如图 9-8 所示。这说明该视频素材携带着声道。从"项目"面板中将"01.mp4"文件拖曳到"时间轴"面板中。

执行"窗口 > 预览"命令，在弹出的"预览"面板中确定 图标为弹起状态，如图 9-9 所示。同样在"时间轴"面板中确定 图标为弹起状态，如图 9-10 所示。

图 9-8

图 9-9

图 9-10

按数字键盘的 0 键可监听影片的声音，按住 Ctrl 键的同时，拖曳时间标签，可以实时听到当前时间指针位置的音频。

执行"窗口 > 音频"命令，或按 Ctrl+4 组合键，弹出"音频"面板，在该面板中拖曳滑块可以调整声音素材的总音量或分别调整左右声道的音量，如图 9-11 所示。

图 9-11

在"时间轴"面板中展开"音频"属性，调整"音频电平"右侧的参数可以调整声音的音量，如图 9-12 所示。

图 9-12

2. 声音长度的缩放

在"时间轴"面板底部单击按钮 ⬚，将控制区域显示出来。在"持续时间"栏可以设置声音的播放长度，在"伸缩"栏可以设置播放时长与原始素材时长的百分比，如图 9-13 所示。例如，将"伸缩"设置为 200.0% 后，声音的实际播放时长是原始素材时长的 2 倍。通过这两个参数缩短或延长声音的播放长度后，声音的音调也会同时升高或降低。

图 9-13

3. 声音的淡入/淡出

将时间标签拖曳到起始的位置，在"音频电平"左侧单击"关键帧自动记录器"按钮 ⬚，添加关键帧。输入参数-100.00；拖曳时间标签到 00:15s 的位置，输入参数 0.00，观察到在"时间轴"上增加了两个关键帧，如图 9-14 所示。此时按住 Ctrl 键不放拖曳时间标签，可以听到声音由小变大的淡入效果。

图 9-14

将时间标签放置在 14:05s 的位置，输入"音频电平"参数 0.10；拖曳时间标签到结束的位置，输入"音频电平"参数-100.00，"时间轴"面板的状态如图 9-15 所示。按住 Ctrl 键不放拖曳时间标签，可以听到声音的淡出效果。

图 9-15

9.1.4 【实战演练】——为《旅行》影片添加背景音乐

使用"导入"命令导入视频与音乐文件，使用"缩放"属性缩放视频的大小，使用"音频电平"选项制作背景音乐效果。最终效果参看云盘中的"Ch09 > 为《旅行》影片添加背景音乐 > 为《旅行》影片添加背景音乐.aep"，如图 9-16 所示。

扫 码 观 看
本案例视频

图 9-16

9.2　为《青春》短片添加背景音乐

9.2.1 【训练目标】

使用"导入"命令，导入视频和音乐文件；使用"低音和高音"命令和"变调与和声"命令，编辑音乐文件。最终效果参看云盘中的"Ch09 > 为《青春》短片添加背景音乐 > 为《青春》短片添加背景音乐.aep"，如图 9-17 所示。

扫 码 观 看
本案例视频

图 9-17

9.2.2 【案例操作】

步骤① 按 Ctrl+N 组合键，弹出"合成设置"对话框，在"合成名称"文本框中输入"最终效果"，其他选项的设置如图 9-18 所示，单击"确定"按钮，创建一个新的合成"最终效果"。

步骤② 执行"文件 > 导入 > 文件"命令，在弹出的"导入文件"对话框中，选择云盘中的"Ch09 > 为《青春》短片添加背景音乐 > (Footage) > 01.mp4、02.wav"文件，单击"打开"按钮，导入视频和声音文件，并将它们拖曳到"时间轴"面板中，图层的排列如图 9-19 所示。

步骤③ 选中"02.wav"图层，执行"效果 > 音频 > 低音和高音"命令，在"效果控件"面板中进行参数设置，如图 9-20 所示。执行"效果 > 音频 > 变调与和声"命令，在"效果控件"面板中进行参数设置，如图 9-21 所示。为《青春》短片添加背景音乐效果制作完成。

图 9-18

图 9-19

图 9-20

图 9-21

9.2.3 【相关知识】

1. 声音的倒放

执行"效果 > 音频 > 倒放"命令，可将该效果添加到"效果控件"面板中。这个效果可以倒放音频素材，即从结束位置向开始位置播放。勾选"互换声道"复选框可以交换左、右声道中的音频，如图 9-22 所示。

2. 低音和高音

执行"效果 > 音频 > 低音和高音"命令，可将该效果添加到"效果控件"面板中，如图 9-23 所示。拖曳低音或高音滑块可以增加或减少音频中低音或高音的音量。

图 9-22

图 9-23

3. 声音的延迟

执行"效果 > 音频 > 延迟"命令，可将该效果添加到"效果控件"面板中。它可以通过将声音素材进行多层延迟来模仿回声效果，例如，制造墙壁的回声或空旷山谷中的回音。"延迟时间（毫秒）"选项用于设定原始声音和其回音之间的时间间隔，单位为毫秒；"延迟量"选项用于设置延迟音频的音量；"反馈"选项用于设置由回音产生的后续回音的音量；"干输出"选项用于设置声音素材的电平；"湿输出"选项用于设置最终输出声波电平，如图 9-24 所示。

图 9-24

4. 变调与合声

执行"效果 > 音频 > 变调与合声"命令，可将该效果添加到"效果控件"面板中。"变调"效果的产生原理是将声音素材的一个复制文件稍作延迟后与原声音混合，这样就造成某些频率的声波产生叠加或相减的效果，这在声音物理学中称作"梳状滤波"，它会产生一种"干瘪"的声音效果，该效果在电吉他独奏中经常被应用。当混入多个延迟的复制声音后会产生乐器的"合和声"效果。

图 9-25

在相应的"效果控件"面板中，"语音分离时间"选项用于设置延迟的复制声音的数量，增大此值将使卷边效果减弱而使合唱效果增强；"语音"选项用于设置复制声音的混合深度；"调制速率"选项用于设置复制声音相位的变化程度；"干输出""湿输出"选项用于设置未处理音频与处理后的音频的混合程度，如图 9-25 所示。

5. 高通/低通

执行"效果 > 音频 > 高通、低通"命令，可将该效果添加到"效果控件"面板中。该声音效果只允许设定的频率通过，通常用于滤去低频率或高频率的噪声，如电流声、咝咝声等。在"滤镜选项"栏中可以选择使用"高通"或"低通"方式。"屏蔽频率"用于设置滤波器的分界频率，选择"高通"方式滤波时，低于该频率的声音被滤除；选择"低通"方式滤波时，高于该频率的声音被滤除。"干输出、湿输出"用于设置最终输出中的原始（干）声音量和延迟（湿）声音量，如图 9-26 所示。

图 9-26

6. 调制器

执行"效果 > 音频 > 调制器"命令，可将调制器效果添加到"效果控件"面板中。该声音效果可以为声音素材加入颤音效果。该效果的参数设置如图 9-27 所示。"调制类型"用于选择颤音的波形，"调制速率"以 Hz 为单位设置颤音调制的频率。"调制深度"以调制频率的百分比为单位设置颤音频率的变化范围。"振幅变调"用于设置颤音的强弱。

图 9-27

9.2.4 【实战演练】——为《桥》影片添加背景音乐

使用"低音与高音"命令制作声音文件效果，使用"高通、低通"命令调整高低音效果。最终效果参看云盘中的"Ch09 > 为《桥》影片添加背景音乐 > 为《桥》影片添加背景音乐.aep"，如图 9-28 所示。

图 9-28

9.3 综合案例——为《麦田》影片添加声音效果

使用"导入"命令导入视频与音乐文件，选择"音频电平"属性编辑音乐添加关键帧。最终效果参看云盘中的"Ch09 > 为《麦田》影片添加声音效果 > 为《麦田》影片添加声音效果.aep"，如图 9-29 所示。

图 9-29

9.4 综合案例——为《冲浪》短片添加背景音乐

使用"导入"命令导入声音、视频文件；使用"音频电平"选项制作背景音乐效果。最终效果参看云盘中的"Ch09 > 为《冲浪》短片添加背景音乐 > 为《冲浪》短片添加背景音乐.aep"，如图 9-30 所示。

图 9-30

10

第 10 章
制作三维合成效果

After Effects 不仅可以在二维空间创建合成效果，在三维立体空间中的合成与动画功能也越来越强大。随着版本的升级，其可以在深度的三维空间中丰富图层的运动样式，创建更逼真的灯光、投射阴影、材质效果和摄像机运动效果。通过对本章的学习，读者可以掌握制作三维合成效果的方法和技巧。

课堂学习目标

✓ 掌握二维图层转换为三维图层的方法
✓ 掌握三维图层的属性操作
✓ 熟练掌握摄像机的添加方法

制作特卖广告效果

10.1.1 【训练目标】

使用"导入"命令导入图片，使用"3D"属性制作三维效果，使用"位置"属性制作人物出场动画，使用"Y 轴旋转"属性和"缩放"属性制作标牌出场动画。最终效果参看云盘中的"Ch10 > 制作特卖广告效果 > 制作特卖广告效果.aep"，如图 10-1 所示。

图 10-1

10.1.2 【案例操作】

步骤① 按 Ctrl+N 组合键，弹出"合成设置"对话框，在"合成名称"文本框中输入"最终效果"，设置"背景颜色"为淡黄色（其 R、G、B 的值分别为 255、237、46），其他选项的设置如图 10-2 所示，单击"确定"按钮，创建一个新的合成"最终效果"。

步骤② 执行"文件 > 导入 > 文件"命令，弹出"导入文件"对话框，选择云盘中的"Ch10 >制作特卖广告效果 > (Footage) > 01.png、02.png"文件，单击"导入"按钮，将文件导入"项目"面板，如图 10-3 所示。

图 10-2   图 10-3

步骤③ 在"项目"面板中，选中"01.png"文件，并将其拖曳到"时间轴"面板中，如图 10-4 所示。按 P 键，展开"位置"属性，设置"位置"选项的数值为-289.0、458.5，如图 10-5 所示。

图 10-4

图 10-5

步骤④ 保持时间标签在 0s 的位置，单击"位置"选项左侧的"关键帧自动记录器"按钮⏱，如图 10-6 所示，记录第 1 个关键帧。将时间标签放置在 01:00s 的位置，设置"位置"选项的数值为 285.0，458.5，如图 10-7 所示，记录第 2 个关键帧。

图 10-6

图 10-7

步骤⑤ 在"项目"面板中，选中"02.png"文件，并将其拖曳到"时间轴"面板中，按 P 键，展开"位置"属性，设置"位置"选项的数值为 957.0，363.0，如图 10-8 所示。"合成"面板中的效果如图 10-9 所示。

图 10-8

图 10-9

步骤⑥ 单击"02.png"图层右侧的"3D 图层"按钮⬛，打开三维属性，如图 10-10 所示。单击"Y 轴旋转"选项左侧的"关键帧自动记录器"按钮⏱，如图 10-11 所示，记录第 1 个关键帧。将时间标签放置在 02:00s 的位置，设置"Y 轴旋转"选项的数值为 2x+0.0°，如图 10-12 所示，记录第 2 个关键帧。

图 10-10

图 10-11

图 10-12

步骤⑦ 将时间标签放置在 0s 的位置，选中“02.png”图层，按 S 键，展开“缩放”属性，设置“缩放”选项的数值为 0.0，0.0，0.0%，单击“缩放”选项左侧的“关键帧自动记录器”按钮，如图 10-13 所示，记录第 1 个关键帧。将时间标签放置在 01:00s 的位置，设置“缩放”选项的数值为 100.0，100.0，100.0%，如图 10-14 所示，记录第 2 个关键帧。

图 10-13   图 10-14

步骤⑧ 将时间标签放置在 02:00s 的位置，在“时间轴”面板中，单击“缩放”选项左侧的“在当前时间添加或移除关键帧”按钮，如图 10-15 所示，记录第 3 个关键帧。将时间标签放置在 04:24s 的位置，设置“缩放”选项的数值为 110.0，110.0，110.0%，如图 10-16 所示，记录第 4 个关键帧。

图 10-15   图 10-16

步骤⑨ 特卖广告效果制作完成，如图 10-17 所示。

图 10-17

10.1.3 【相关知识】

1. 三维合成

After Effects CC 2019 可以显示三维图层。将图层指定为三维时，After Effects 会添加一个 z 轴控制该图层的深度。当 z 轴值增加时，该图层在空间中移动到更远处；当 z 轴值减小时，该图层在空间中则会更近。

2. 二维图层转换成三维图层

除了声音之外，所有素材图层都有可以实现三维图层的功能。将一个普通的二维图层转化为三维图层也非常简单，只需要在图层右侧单击"3D 图层"按钮⬛即可，展开图层属性会发现在变换属性中，无论是"锚点"属性、"位置"属性、"缩放"属性、"方向"属性，还是"旋转"属性，都出现了 z 轴向参数信息，另外还添加了另一个"材质选项"属性，如图 10-18 所示。

调节"Y 轴旋转"为 45°。"合成"面板中的效果如图 10-19 所示。

图 10-18　　　　　　　　　　　　　　　　图 10-19

如果要将三维图层重新变回二维图层，只需要在图层属性开关面板再次单击图层右侧的"3D 图层"按钮⬛，关闭三维属性即可，三维图层中的 z 轴信息和"材质选项"信息将丢失。

虽然很多效果可以模拟三维空间效果（如"效果 > 扭曲 > 凸出"），不过这些效果都是二维的，也就是说，即使这些效果当前作用于三维图层，但是它们仍然只是模拟三维效果而不会对三维图层轴产生任何影响。

3. 变换三维图层的位置

三维图层的"位置"属性由 x、y、z 3 个维度的参数控制，如图 10-20 所示。

图 10-20

步骤① 打开 After Effects 软件，执行"文件 > 打开项目"命令，选择云盘中的"基础素材 > Ch10 > 三维图层.aep"文件，单击"打开"按钮，打开此文件。

步骤② 在"时间轴"面板中，选择某个三维图层、摄像机图层，或者灯光图层，选中图层的坐标轴会显示出来，其中红色坐标代表 x 轴向，绿色坐标代表 y 轴向，蓝色坐标代表 z 轴向。

步骤③ 在"工具"面板中选择"选取"工具▶，在"合成"面板中，将鼠标指针停留在各个轴向上，观察鼠标指针的变化，当鼠标指针变成▶$_x$时，表示移动锁定在 x 轴向上；当鼠标指针变成▶$_y$时，表示移动锁定在 y 轴向上；当鼠标指针变成▶$_z$时，表示移动锁定在 z 轴向上。

提
示

鼠标指针如果没有呈现任何坐标轴信息，则可以在空间中全方位地移动三维对象。

4. 变换三维图层的"旋转"属性

◎ 使用"方向"属性旋转

步骤❶ 执行"文件 > 打开项目"命令，选择资源包中的"基础素材 > Ch10 >三维图层.aep"文件，单击"打开"按钮，打开此文件。

步骤❷ 在"时间轴"面板中，选择某个三维图层、摄像机图层或者灯光图层。

步骤❸ 在"工具"面板中，选择"旋转"工具，在坐标系选项的右侧下拉列表中选择"方向"选项，如图 10-21 所示。

图 10-21

步骤❹ 在"合成"面板中，将鼠标指针放置在某个坐标轴上，当鼠标指针出现 X 时，进行 x 轴向旋转；当鼠标指针出现 Y 时，进行 y 轴向旋转；当鼠标指针出现 Z 时，进行 z 轴向旋转；在没有出现任何信息时，可以全方位地旋转三维对象。

步骤❺ 在"时间轴"面板中，展开当前三维图层的变换属性，观察 3 组"旋转"属性值的变化，如图 10-22 所示。

图 10-22

◎ 使用"旋转"属性旋转

步骤❶ 使用上面的素材案例，执行"文件 > 返回"命令，还原到项目文件打开时的状态。

步骤❷ 在"工具"面板中，选择"旋转"工具，在坐标系选项的右侧下拉列表中选择"旋转"选项，如图 10-23 所示。

图 10-23

步骤❸ 在"合成"面板中，将鼠标指针放置在某坐标轴上，当鼠标指针出现 X 时，进行 x 轴向旋转；当鼠标指针出现 Y 时，进行 y 轴向旋转；当鼠标指针出现 Z 时，进行 z 轴向旋转；在没有出现任何信息时，可以全方位地旋转三维对象。

步骤④ 在"时间轴"面板中，展开当前三维图层的变换属性，观察 3 组"旋转"属性值的变化，如图 10-24 所示。

图10-24

5. 三维视图

虽然感知三维空间并不需要通过专门的训练，是任何人都具备的本能感应，但是在制作过程中，往往会由于各种原因（场景过于复杂等因素）导致视觉错觉，无法仅通过观察透视图正确判断当前三维对象的具体空间状态，因此往往需要借助更多的视图作为参照，如正面、左侧、顶部、活动摄像机等视图。从而获取准确的空间位置信息，选择正面、左侧、顶部、活动摄像机视图的显示效果分别如图 10-25、图 10-26、图 10-27 和图 10-28 所示。

图10-25

图10-26

图10-27

图10-28

可以在"合成"面板中的 活动摄像机 （3D 视图）下拉列表中选择视图模块，视图模式大致分为 3 类：正交视图、摄像机视图和自定义视图。

◎ 正交视图

正交视图包括正面、左侧、顶部、背面、右侧和底部，其实就是以垂直正交的方式观看空间中的 6 个面，在正交视图中，长度和距离以原始数据的方式呈现，从而忽略了透视导致的大小变化，这就意味着在正交视图中观看立体物体时没有透视感，如图 10-29 所示。

图 10-29

◎ 摄像机视图

摄像机视图是从摄像机的角度，通过镜头去观看空间。与正交视图不同的是，这里描绘出的空间和物体是带有透视变化的视觉空间，非常真实地再现近大远小、近长远短的透视关系。设置镜头的特殊属性，还能对此进行夸张设置等，如图 10-30 所示。

◎ 自定义视图

自定义视图是从几个默认的角度观看当前空间的，可以通过"工具"面板中的摄像机视图工具调整视图角度，与摄像机视图一样，自定义视图同样是遵循透视的规律来呈现当前空间的，不过自定义视图并不要求合成项目中必须有摄像机才能打开的 3D 视图，当然也不具备通过镜头设置带来的景深、广角、长焦之类的观看空间方式，自定义视图可以理解为 3 个可自定义的标准透视视图。

活动摄像机 ∨（3D 视图）下拉列表中的选项如图 10-31 所示。

图 10-30   图 10-31

活动摄像机：当前激活的摄像机视图，也就是在当前时间位置打开的摄像机图层的视图。

正面：正视图，从正前方观看合成空间，不带透视效果。

左侧：左视图，从正左方观看合成空间，不带透视效果。

顶部：顶视图，从正上方观看合成空间，不带透视效果。

背面：背视图，从后方观看合成空间，不带透视效果。

右侧：右视图，从正右方观看合成空间，不带透视效果。

底部：底视图，从正底部观看合成空间，不带透视效果。

自定义视图 1~自定义视图 3：3 个自定义视图从 3 个默认的角度观看合成空间，含有透视效果，可以通过"工具"面板中的摄像机位置工具移动视角。

6. 以多视图方式观测三维空间

在进行三维创作时，虽然可以通过 3D 视图下拉列表方便地切换各个视图，但是仍然不利于各个视图的参照对比，而且来回频繁地切换视图也导致创作效率低下。不过庆幸的是，After Effects 提供了多种视图显示方式，可以同时从多个角度观看三维空间，在"合成"面板中的"选定视图方案"下拉列表中选择。

1 视图：仅显示一个视图，如图 10-32 所示。

2 视图-水平：同时显示两个视图，左右排列，如图 10-33 所示。

图 10-32   图 10-33

2 视图-纵向：同时显示两个视图，上下排列，如图 10-34 所示。

4 视图：同时显示 4 个视图，如图 10-35 所示。

图 10-34   图 10-35

4 视图-左侧：同时显示 4 个视图，其中主视图在右边，如图 10-36 所示。

4 视图-右侧：同时显示 4 个视图，其中主视图在左边，如图 10-37 所示。

图 10-36   图 10-37

4 视图-顶部：同时显示 4 个视图，其中主视图在下边，如图 10-38 所示。

4 视图-底部：同时显示 4 个视图，其中主视图在上边，如图 10-39 所示。

第 10 章
制作三维合成效果

173

图 10-38

图 10-39

其中，每个分视图都可以在激活后，从 3D 视图下拉列表中更换具体观看角度，或者设置视图显示方式等。

另外，选中"共享视图选项"复选框，可以让多个视图共享同样的视图设置，如"安全框显示""网格显示""通道显示"等。

> 提示
>
> 上下滚动鼠标的滚轴，可以在不激活视图的情况下，对鼠标指针位置下的视图进行缩放操作。

7. 坐标体系

在控制三维对象时，会依据某种坐标体系进行轴向定位，After Effects 提供了 3 种轴向坐标系：本地坐标系、世界坐标系和视图坐标系。坐标系的切换是通过"工具"面板中的 █按钮、█按钮和█按钮实现的。

◎ 本地坐标系█

此坐标系以被选择物体自身的坐标轴为变换的依据，这在物体的方位与世界坐标系不同时应用广泛，如图 10-40 所示。

◎ 世界坐标系█

世界坐标系是以合成空间中的绝对坐标系为定位，坐标系轴不会随着物体的旋转而改变，属于一种绝对坐标。无论在哪一个视图，x 轴始终是往水平方向延伸的，y 轴始终是往垂直方向延伸的，z 轴始终往纵深方向延伸的，如图 10-41 所示。

◎ 视图坐标系█

视图坐标系与当前所处的视图有关，也可以称为屏幕坐标系，对于正交视图和自定义视图，x 轴仍然和 y 轴始终平行于视图，其纵深轴 z 轴始终垂直于视图；对于摄像机视图，x 轴和 y 轴仍然始终平行于视图，但 z 轴有一定的变动，如图 10-42 所示。

图 10-40

图 10-41

图 10-42

8.　三维图层的材质属性

当普通的二维图层转化为三维图层时，会添加一个全新的属性"材质选项"，此属性决定了三维图层如何响应灯光光照系统，如图 10-43 所示。

图 10-43

选中某个三维素材图层，连续两次按 A 键，展开"材质选项"属性。

投影：设置是否投射阴影选项，其中包括"打""关""仅"3 种模式，分别如图 10-44～图 10-46 所示。

图 10-44　　　　　　　　　图 10-45　　　　　　　　　图 10-46

透光率：透光程度，可以体现半透明物体在灯光下的照射效果，主要效果体现在阴影上，图 10-47 所示透光率值为 0%，图 10-48 所示透光率值为 60%。

图 10-47　　　　　　　　　图 10-48

接受阴影：是否接受阴影，此属性不能制作关键帧动画。

接受灯光：是否接受光照，此属性不能制作关键帧动画。

环境：调整三维图层受"环境"类型灯光影响的程度。设置"环境"类型灯光如图 10-49 所示。

漫射：调整图层漫反射程度。如果漫反射程度为 100%，将反射大量的光；如果为 0%，则不反射大量的光。

镜面强度：调整图层镜面反射的程度。

镜面反光度：设置"镜面强度"的区域，值越小，"镜面强度"的区域越小。在"镜面强度"为 0 的情况下，此设置将不起作用。

图 10-49

金属质感：调节由"镜面强度"反射的光的颜色。值越接近 100%，其就越接近图层的颜色；值越接近 0%，其就越接近灯光的颜色。

10.1.4 【实战演练】——制作运动文字效果

使用"导入"命令导入素材，使用"位置""缩放""定位点"和"不透明度"属性制作动画效果。最终效果参看云盘中的"Ch10 > 制作运动文字效果 > 制作运动文字效果.aep"，如图 10-50 所示。

图 10-50

10.2 制作星光碎片效果

10.2.1 【训练目标】

使用"梯度渐变"命令制作背景渐变效果和彩色渐变效果；使用"分形杂色"命令制作发光效果；使用"闪光灯"命令制作闪光灯效果；使用"矩形"工具绘制形状蒙版；使用"碎片"命令制作碎片效果；使用"摄像机"命令添加摄像机层，并制作关键帧动画；利用"位置"属性改变摄像机层的位置动画；使用"启用时间重映射"命令改变时间。最终效果参看云盘中的"Ch10 > 制作星光碎片效果 > 制作星光碎片效果.aep"，如图 10-51 所示。

图 10-51

10.2.2 【案例操作】

1. 制作渐变效果

步骤❶ 按 Ctrl+N 组合键，弹出"合成设置"对话框，在"合成名称"文本框中输入"渐变"，其他选项的设置如图 10-52 所示，单击"确定"按钮，创建一个新的合成"渐变"。

步骤❷ 执行"图层 > 新建 > 纯色"命令，弹出"纯色设置"对话框，在"源名称"文本框中输入"渐变"，将"颜色"设置为黑色，单击"确定"按钮，在"时间轴"面板中新增一个黑色纯色图层，如图 10-53 所示。

图 10-52

图 10-53

步骤③ 选中"渐变"图层，执行"效果 > 生成 > 梯度渐变"命令，在"效果控件"面板中，设置"起始颜色"为黑色，"结束颜色"为白色，其他参数设置如图 10-54 所示，设置完成后，"合成"面板中的效果如图 10-55 所示。

图 10-54

图 10-55

步骤④ 再次创建一个新的合成并命名为"星光"。在当前合成中新建一个纯色图层"噪波"。选中"噪波"图层，执行"效果 > 杂色和颗粒 > 分形杂色"命令，在"效果控件"面板中进行参数设置，如图 10-56 所示。"合成"面板中的效果如图 10-57 所示。

图 10-56

图 10-57

步骤⑤ 将时间标签放置在 0s 的位置，在"效果控件"面板中，分别单击"变换"下的"偏移（湍流）"选项和"演化"选项左侧的"关键帧自动记录器"按钮，如图 10-58 所示，记录第 1 个关键帧。

步骤⑥ 将时间标签放置在 04:24s 的位置，在"效果控件"面板中，设置"偏移（湍流）"选项的数值为-5689.0、300.0，"演化"选项的数值为 1x+0.0°，如图 10-59 所示，记录第 2 个关键帧。

图 10-58　　　　　　　　　　　　　图 10-59

步骤⑦ 执行"效果 > 风格化 > 闪光灯"命令，在"效果控件"面板中进行参数设置，如图 10-60 所示。"合成"面板中的效果如图 10-61 所示。

图 10-60　　　　　　　　　　　　　图 10-61

步骤⑧ 在"项目"面板中，选中"渐变"合成，并将其拖曳到"时间轴"面板中。将"噪波"图层的"轨道遮罩"选项设置为"亮度遮罩'渐变'"，如图 10-62 所示。隐藏"渐变"图层，"合成"面板中的效果如图 10-63 所示。

图 10-62　　　　　　　　　　　　　图 10-63

2. 制作彩色发光效果

步骤❶ 在当前合成中建立一个新的纯色图层"彩色光芒"。执行"效果 > 生成 > 梯度渐变"命令，在"效果控件"面板中，设置"开始颜色"为黑色，"结束颜色"为白色，其他参数设置如图 10-64 所示，设置完成后，"合成"面板中的效果如图 10-65 所示。

图 10-64

图 10-65

步骤❷ 执行"效果 > 颜色校正 > 色光"命令，在"效果控件"面板中进行参数设置，如图 10-66 所示。"合成"面板中的效果如图 10-67 所示。

图 10-66

图 10-67

步骤❸ 在"时间轴"面板中，设置"彩色光芒"图层的混合模式为"颜色"，如图 10-68 所示。"合成"面板中的效果如图 10-69 所示。

图 10-68

图 10-69

步骤④ 在当前合成中建立一个新的纯色图层"蒙版",如图 10-70 所示。选择"矩形"工具 ，在"合成"面板中拖曳鼠标绘制一个矩形蒙版图形,如图 10-71 所示。

图 10-70

图 10-71

步骤⑤ 选中"蒙版"图层,按 F 键,展开"蒙版羽化"属性,如图 10-72 所示,设置"蒙版羽化"选项的数值为 200.0、200.0,如图 10-73 所示。

图 10-72

图 10-73

步骤⑥ 选中"彩色光芒"图层,将"彩色光芒"图层的"轨道蒙版"设置为"Alpha 遮罩'蒙版'",如图 10-74 所示。自动隐藏"蒙版"图层,"合成"面板中的效果如图 10-75 所示。

图 10-74

图 10-75

步骤⑦ 按 Ctrl+N 组合键,弹出"合成设置"对话框,在"合成名称"文本框中输入"碎片",其他选项的设置如图 10-76 所示,单击"确定"按钮,创建一个新的合成"碎片"。

步骤⑧ 执行"文件 > 导入 > 文件"命令,在弹出的"导入文件"对话框中,选择云盘中的"Ch10 > 制作星光碎片效果 >(Footage)> 01.jpg"文件,单击"导入"按钮,导入图片。在"项目"面板中,选中"渐变"合成和"01.jpg"文件,将它们拖曳到"时间轴"面板中,同时单击"渐变"图层左侧的"眼睛"按钮 ,关闭该图层的可视性,如图 10-77 所示。

图 10-76　　　　　　　　　　　图 10-77

步骤⑨ 执行"图层 > 新建 > 摄像机"命令，弹出"摄像机设置"对话框，在"名称"文本框中输入"摄像机 1"，其他选项的设置如图 10-78 所示，单击"确定"按钮，在"时间轴"面板中新增一个摄像机图层，如图 10-79 所示。

图 10-78　　　　　　　　　　　图 10-79

步骤⑩ 选中"01.jpg"图层，执行"效果 > 模拟 > 碎片"命令，在"效果控件"面板中，将"视图"设置为"已渲染"模式，展开"形状"属性，在"效果控件"面板中进行参数设置，如图 10-80 所示。展开"作用力 1"属性和"作用力 2"属性，在"效果控件"面板中进行参数设置，如图 10-81 所示。展开"渐变"属性和"物理学"属性，在"效果控件"面板中进行参数设置，如图 10-82 所示。

图 10-80　　　　　　　　图 10-81　　　　　　　　图 10-82

步骤 ⑪ 将时间标签放置在 02:00s 的位置，在"效果控件"面板中，单击"渐变"图层下的"碎片阈值"选项左侧的"关键帧自动记录器"按钮 ⏱，如图 10-83 所示，记录第 1 个关键帧。将时间标签放置在 03:18s 的位置，在"效果控件"面板中，设置"碎片阈值"选项的数值为 100%，如图 10-84 所示，记录第 2 个关键帧。

图 10-83　　　　　　　　　　　　　　　　图 10-84

步骤 ⑫ 在当前合成中建立一个新的红色纯色图层"参考层"，如图 10-85 所示。单击"参考层"右侧的"3D 图层"按钮 📦，展开三维属性，单击"参考层"左侧的"眼睛"按钮 👁，关闭该图层的可视性。设置"摄像机 1"的"父级"关系为"1.参考层"，如图 10-86 所示。

图 10-85　　　　　　　　　　　　　　　　图 10-86

步骤 ⑬ 选中"参考层"图层，按 R 键，展开"旋转"属性，设置"方向"选项的数值为 90.0°、0.0°、0.0°，如图 10-87 所示。将时间标签放置在 01:06s 的位置，单击"Y 轴旋转"选项左侧的"关键帧自动记录器"按钮 ⏱，如图 10-88 所示，记录第 1 个关键帧。

图 10-87　　　　　　　　　　　　　　　　图 10-88

步骤 ⑭ 将时间标签放置在 04:24s 的位置，设置"Y 轴旋转"选项的数值为 0x+120.0°，如图 10-89 所示，记录第 2 个关键帧。将时间标签放置在 0s 的位置，选中"摄像机 1"图层，展开"变换"属性，设置"目标点"选项的数值为 360.0、288.0、0.0，"位置"选项的数值为 320.0、-900.0、-50.0，单击"位置"选项左侧的"关键帧自动记录器"按钮 🕓，如图 10-90 所示，记录第 1 个关键帧。

步骤⑮ 将时间标签放置在 01:10s 的位置，设置"位置"选项的数值为 320.0、−700.0、−250.0，如图 10-91 所示，记录第 2 个关键帧。将时间标签放置在 04:24s 的位置，设置"位置"选项的数值为 320.0、−560.0、−1000.0，如图 10-92 所示，记录第 3 个关键帧。

图 10-89

图 10-90

图 10-91

图 10-92

步骤⑯ 在"项目"面板中，选中"星光"合成，将其拖曳到"时间轴"面板中，并放置在"摄像机 1"图层的下方，如图 10-93 所示。单击该图层右侧的"3D 图层"按钮 🔲，打开三维属性，设置该层的混合模式为"相加"，如图 10-94 所示。

图 10-93

图 10-94

步骤⑰ 将时间标签放置在 01:22s 的位置，选中"星光"图层，按 A 键，展开"锚点"属性，设置"锚点"选项的数值为 0.0、360.0、0.0；按住 Shift 键的同时，按 P 键，展开"位置"属性，设置"位置"选项的数值为 1000.0、360.0、0.0；按住 Shift 键的同时，按 R 键，展开"旋转"属性，设置"方向"选项的数值为 0.0°、90.0°、0.0°，单击"位置"选项左侧的"关键帧自动记录器"按钮 🕓，如图 10-95 所示，记录第 1 个关键帧。将时间标签放置在 03:24s 的位置，设置"位置"选项的数值为 288.0、360.0、0.0，如图 10-96 所示，记录第 21 个关键帧。

| 图 10-95 | 图 10-96 |

步骤⑱ 将时间标签放置在 01:11s 的位置，按 T 键，展开"不透明度"属性，设置"不透明度"选项的数值为 0%，单击"不透明度"选项左侧的"关键帧自动记录器"按钮，如图 10-97 所示，记录第 1 个关键帧。将时间标签放置在 01:22s 的位置，设置"不透明度"选项的数值为 100%，如图 10-98 所示，记录第 2 个关键帧。

| 图 10-97 | 图 10-98 |

步骤⑲ 将时间标签放置在 03:24s 的位置，在"时间轴"面板中，单击"不透明度"选项左侧的"在当前时间添加或移除关键帧"按钮，如图 10-99 所示，记录第 3 个关键帧。将时间标签放置在 04:11s 的位置，设置"不透明度"选项的数值为 0%，如图 10-100 所示，记录第 4 个关键帧。

| 图 10-99 | 图 10-100 |

步骤⑳ 执行"图层 > 新建 > 纯色"命令，弹出"纯色设置"对话框，在"名称"文本框中输入"底板"，将"颜色"设置为灰色（其 R、G、B 的值均为 175），单击"确定"按钮，在当前合成中建立一个新的灰色纯色图层，将其拖曳到底图层，如图 10-101 所示。单击"底板"图层右侧的"3D 图层"按钮，打开三维属性，如图 10-102 所示。

| 图 10-101 | 图 10-102 |

步骤㉑ 将时间标签放置在 03:24s 的位置，按 P 键，展开"位置"属性，设置"位置"选项的数值为 640.0、360.0、0.0；按住 Shift 键的同时，按 T 键，展开"不透明度"属性，设置"不透明度"选项的数值为 53%；分别单击"位置"选项和"不透明度"选项左侧的"关键帧自动记录器"按钮 🕐，如图 10-103 所示，记录第 1 个关键帧。

步骤㉒ 将时间标签放置在 04:24s 的位置，设置"位置"选项的数值为-270.0、360.0、0.0，"不透明度"选项的数值为 0%，如图 10-104 所示，记录第 2 个关键帧。

图 10-103　　　　　　　　　　　　　　　　　　　图 10-104

步骤㉓ 按 Ctrl+N 组合键，弹出"合成设置"对话框，在"合成名称"文本框中输入"最终效果"，其他选项的设置如图 10-105 所示，单击"确定"按钮，创建一个新的合成"最终效果"。在"项目"面板中选中"碎片"合成，将其拖曳到"时间轴"面板中，如图 10-106 所示。

图 10-105　　　　　　　　　　　　　　　　　　　图 10-106

步骤㉔ 选中"碎片"图层，执行"图层 > 时间 > 启用时间重映射"命令，将时间标签放置在 0s 的位置，在"时间轴"面板中，设置"时间重映射"选项的数值为 04:24，如图 10-107 所示，记录第 1 个关键帧。将时间标签放置在 04:24s 的位置，在"时间轴"面板中，设置"时间重置"选项的数值为 00:00，如图 10-108 所示，记录第 2 个关键帧。

图 10-107　　　　　　　　　　　　　　　　　　　图 10-108

步骤㉕ 执行"效果 > Trapcode > Starglow"命令，在"效果控件"面板中进行参数设置，如图 10-109 所示。将时间标签放置在 0s 的位置，单击"阈值"选项左侧的"关键帧自动记录器"按钮，如图 10-110 所示，记录第 1 个关键帧。

图 10-109

图 10-110

步骤㉖ 将时间标签放置在 04:24s 的位置，在"效果控件"面板中，设置"阈值"选项的数值为 480.0，如图 10-111 所示，记录第 2 个关键帧。星光碎片效果制作完成，如图 10-112 所示。

图 10-111

图 10-112

10.2.3　【相关知识】

1. 创建和设置摄像机

创建摄像机的方法很简单，执行"图层 > 新建 > 摄像机"命令，或按 Ctrl+Shift+Alt+C 组合键，在弹出的对话框中进行设置，如图 10-113 所示，单击"确定"按钮完成设置。

图 10-113

类型：设置单节点摄像机或双节点摄像机。

焦距：胶片和镜头之间的距离。焦距短，就是广角效果；焦距长，就是长焦效果。

单位：选择在"摄像机设置"对话框中使用的参数单位，包括像素、英寸和毫米 3 个选项。

胶片大小：设置胶片曝光区域的大小，它直接与合成大小相关。

度量胶片大小：可以改变"胶片尺寸"的基准方向，包括水平、垂直和对角 3 个选项。

名称：设定摄像机名称。

预设：摄像机预设，此下拉列表包含了 9 种常用的摄像机镜头，有标准的"35 毫米"镜头、"15 毫米"广角镜头、"200 毫米"长焦镜头以及自定义镜头等。

缩放：设置摄像机到图像的距离。"缩放"值越大，通过摄像机显示的图层就越大，视野也就相应地减小。

视角：视角越大，视野越宽，相当于广角镜头；视角越小，视野越窄，相当于长焦镜头。调整此参数时，视角会和"焦长""胶片尺寸""变焦"3 个值互相影响。

启用景深：决定是否打开景深功能。配合"焦距""光圈""光圈大小"和"模糊层次"参数使用。

焦距：焦点距离，确定从摄像机开始到图像最清晰位置的距离。

锁定到缩放：勾选此复选项，可以使"焦点距离"值与"焦距"值匹配。

光圈：设置光圈大小。不过在 After Effects 中，光圈大小与曝光没有关系，仅影响景深的大小。光圈越大，前后图像清晰的范围会越小。

光圈大小：快门速度，此参数与"孔径"互相影响，同样影响景深模糊程度。

模糊层次：控制景深模糊程度，值越大越模糊，为 0%时则不进行模糊处理。

2. 利用工具移动摄像机

"工具"面板中有 4 个移动摄像机的工具，在当前摄像机移动工具上按住鼠标左键不放，弹出其他摄像机移动工具的选项，或按 C 键可以在这 4 个工具之间切换，如图 10-114 所示。

图 10-114

统一摄像机工具 ：合并以下几种摄像机工具的功能，使用 3 键鼠标的不同按键可以灵活变换操作，鼠标左键为旋转，中键为平移，右键为推拉。

轨道摄像机工具 ：以目标为中心点，旋转摄像机。

跟踪 XY 摄像机工具 ：在垂直方向或水平方向，平移摄像机。

跟踪 Z 摄像机工具 ：将摄像机镜头拉近、推远，也就是让摄像机在 z 轴上平移。

3. 摄像机和灯光的入点与出点

在"时间轴"默认状态下，新建立的摄像机和灯光的入点和出点就是合成项目的入点和出点，即作用于整个合成项目。为了设置多个摄像机或者多个灯光在不同时间段起作用，可以修改摄像机或者灯光的入点和出点，改变其持续时间，就像对待其他普通素材图层一样，从而方便地实现多个摄像机或者多个灯光在时间上的切换，如图 10-115 所示。

图 10-115

10.2.4 【实战演练】——制作热气球效果

使用"导入"命令导入素材文件,使用"变换"属性调整图像的属性;使用"位置"属性制作位移动画。最终效果参看云盘中的"Ch10 > 制作热气球效果 > 制作热气球效果.aep",如图 10-116 所示。

图 10-116

10.3 综合案例——制作冲击波效果

使用"椭圆"工具绘制椭圆形,使用"毛边"命令制作形状粗糙化效果并添加关键帧,使用"Shine"命令制作形状发光效果,使用"3D"属性调整形状空间效果,使用"缩放"选项与"不透明度"选项调整形状的大小与透明度。最终效果参看云盘中的"Ch10 > 制作冲击波效果 > 制作冲击波效果.aep",如图 10-117 所示。

图 10-117

10.4　综合案例——制作旋转文字效果

　　使用"导入"命令导入图片，使用"3D"属性制作三维效果，使用"Y 轴旋转"属性和"缩放"属性制作文字动画。最终效果参看云盘中的"Ch10 > 制作旋转文字效果 > 制作旋转文字效果.aep"，如图 10-118 所示。

图 10-118

第 11 章
渲染与输出

对于制作完成的影片，可以通过渲染、输出的方式，使之在不同的媒介设备上播放，更方便用户的作品在各种媒介中传播。本章主要讲解了 After Effects 中的渲染功能与输出功能。通过对本章的学习，读者可以掌握渲染与输出的方法和技巧。

课堂学习目标

✔ 熟练掌握渲染的设置方法
✔ 掌握输出的方法和形式

11.1　渲染

　　渲染在整个影视制作过程中是最后一步，也是相当关键的一步。即使前面的制作再精妙，不进行成功的渲染也会导致作品失败，渲染方式影响影片最终呈现的效果。

　　After Effects 可以将合成项目渲染输出成视频文件、音频文件和序列图片等。输出的方式有两种：一种是执行"文件 > 导出"命令，直接输出单个合成项目；另一种是执行"合成 > 添加到渲染队列"命令，将一个或多个合成项目添加到"渲染队列"中，逐一批量输出，如图 11-1 所示。

图 11-1

　　其中，执行"文件 > 导出"命令输出时，可选的格式和解码较少；执行"合成 > 添加到渲染队列"命令输出时，可以进行非常高级的专业控制，并支持多种格式和解码。因此，在这里主要介绍如何使用"渲染队列"面板进行输出，掌握了它，就掌握了使用"文件 > 导出"方式输出影片。

11.1.1　"渲染队列"面板

　　在"渲染队列"面板中可以控制整个渲染进程，调整各个合成项目的渲染顺序，设置每个合成项目的渲染质量、输出格式和路径等。在将项目添加到"渲染队列"时，"渲染队列"面板将自动打开，如果不小心关闭了，也可以执行"窗口 > 渲染队列"命令，或按 Ctrl+Shift+0 组合键，再次打开此面板。

　　单击"当前渲染"左侧的小箭头按钮█，显示的信息如图 11-2 所示，主要包括当前正在渲染的合成项目的进度、正在执行的操作、当前输出的路径、文件大小、预测的最终文件、可用磁盘空间等。

图 11-2

　　"渲染队列"设置区，如图 11-3 所示。

图 11-3

需要渲染的合成项目都将逐一排列在渲染队列中，在此，可以设置项目的"渲染设置""输出模块"（输出模式、格式和解码等）"输出到"（文件名和路径）等。

渲染：是否进行渲染操作，只有选中的合成项目才会被渲染。

：选择标签颜色，用于区分不同类型的合成项目，方便用户识别。

#：队列序号，决定渲染的顺序，可以上下拖曳合成项目，改变合成项目的顺序。

合成名称：合成项目的名称。

状态：当前状态。

已启动：渲染开始的时间。

渲染时间：渲染花费的时间。

单击"渲染设置"和"输出模块"选项左侧的小箭头按钮 展开具体设置信息，如图 11-4 所示。单击 按钮可以选择已有的设置预置，单击当前设置标题，可以打开具体的设置对话框。

图 11-4

11.1.2　渲染设置

渲染设置的方法：单击"渲染设置" 按钮右侧的"最佳设置"标题文字，弹出"渲染设置"对话框，如图 11-5 所示。

图 11-5

◎ "合成"设置区如图 11-6 所示

图 11-6

品质：设置图层质量，其中包括："当前设置"采用各图层的当前设置，即根据"时间轴"面板中各图层属性开关面板上的图层画质设定；"最佳"全部采用最好的质量（忽略各图层的质量设置）；"草图"全部采用粗略质量（忽略各图层的质量设置）；"线框"全部采用线框模式（忽略各图层的质量设置）。

分辨率：设置像素采样质量，其中包括完整、二分之一、三分之一和四分之一；另外，还可以选择"自定义"选项，在弹出的"自定义分辨率"对话框中自定义分辨率。

大小：显示合成的尺寸。

磁盘缓存：决定是否采用"首选项"对话框（执行"编辑 > 首选项"命令打开对话框）中的媒体和磁盘缓存中的内存缓存设置，如图 11-7 所示。选择"只读"表示不采用当前"首选项"对话框的设置，而且在渲染过程中，不会有任何新的帧写入内存缓存中。选择"当前设置"表示采用"首选项"对话框中的设置进行渲染。

代理使用：是否使用代理素材。包括以下选项："当前设置"采用当前"项目"面板中各素材当前的设置；"使用所有代理"全部使用代理素材进行渲染；"仅使用合成的代理"只对合成项目使用代理素材；"不使用代理"全部不使用代理素材。

图 11-7

效果：是否采用特效滤镜。包括以下选项："当前设置"采用当前时间轴中各个效果当前的设置；"全部开启"启用所有的效果，即使某些效果是暂时关闭状态；"全部关闭"关闭所有效果。

独奏开关：指定是否只渲染"时间轴"中"独奏"开关开启的图层，选择"全部关闭"，表示不考虑独奏开关。

引导层：指定是否只渲染参考图层。

颜色深度：选择色深，如果是标准版的 After Effects，则设有"每通道 8 位""每通道 16 位"和"每通道 32 位"3 个选项。

◎ "时间采样"设置区如图 11-8 所示

图 11-8

帧混合：是否采用"帧混合"模式。包括以下选项："当前设置"根据当前"时间轴"面板中的"帧混合开关" 的状态和各个图层"帧混合模式" 的状态，决定是否使用帧混合功能；"对选中图层打开"是忽略"帧混合开关" 的状态，对所有设置了"帧混合模式" 的图层应用帧混合功能；"对所有图层关闭"表示不启用"帧混合"功能。

场渲染：指定是否采用场渲染方式，包括以下选项："关"表示渲染成不含场的视频影片，"高场优先"表示渲染成上场优先的含场的视频影片，"低场优先"表示渲染成下场优先的含场的视频影片。

3：2 Pulldown：选择 3：2 下拉的引导相位法。

运动模糊：选择是否采用运动模糊，包括以下选项："当前设置"是根据当前"时间轴"面板中"运动模糊开关" 的状态和各个图层"运动模糊" 的状态，决定是否使用动态模糊功能；"对选中图层打开"表示忽略"运动模糊开关" ，对所有设置了"运动模糊" 的图层应用运动模糊效果；"对所有图层关闭"表示不启用动态模糊功能。

时间跨度：定义当前合成项目渲染的时间范围，包括以下选项："合成长度"表示渲染整个合成项目，也就是合成项目设置了多长的持续时间，输出的影片就有多长时间；"仅工作区域"表示根据时间线中设置的工作环境范围来设定渲染的时间范围（按 B 键，工作范围开始；按 N 键，工作范围结束）；"自定义"表示自定义渲染的时间范围。

使用合成的帧速率：使用合成项目中设置的帧速率。

使用此帧速率：使用此处设置的帧速率。

◎ "选项"设置区如图 11-9 所示

图 11-9

跳过现有文件（允许多机渲染）：选中此复选框将自动忽略已存在的序列图片，即忽略已经渲染过的序列帧图片，此功能主要用在网络渲染时。

11.1.3　输出模块设置

"渲染设置"完成后，接下来进行"输出模块设置"，主要是设定输出的格式和解码方式等。单击"输出模块" ✔ 按钮右侧的"无损"标题文字，弹出"输出模块设置"对话框，如图 11-10 所示。

◎ 基础设置区如图 11-11 所示

格式：设置输出的文件格式，如播放器的 QuickTime、AVI、"JPEG "序列、"WAV"格式等。

渲染后动作：指定 After Effects 软件是否使用刚渲染的文件作为素材或者代理素材。其包括以下选项："导入"表示渲染完成后，自动作为素材置入当前项目中；"导入和替换用法"表示渲染完成后，自动置入项目中替代合成项目，包括这个合成项目被嵌入其他合成项目中的情况；"设置代理"表示渲染完成后，作为代理素材置入项目中。

图 11-10

图 11-11

◎ 视频设置区如图 11-12 所示

图 11-12

视频输出：选择是否输出视频信息。

通道：选择输出的通道。包括"RGB"（3 个色彩通道）"Alpha"（仅输出 Alpha 通道）和"RGB+Alpha"（3 个色彩通道和 Alpha 通道）。

深度：选择色深。

颜色：指定输出的视频包含的 Alpha 通道为哪种模式，是"直通（无遮罩）"模式还是"预乘（遮罩）"模式。

开始#：当选择的输出的格式是序列图时，在这里可以指定序列图的文件名序列数，为了将来方便识别，也可以选择"使用合成帧编号"选项，使输出的序列图片数字是其帧数字。

格式选项：选择视频的编码方式。虽然之前确定了输出的格式，但是每种文件格式又有多种编码方式，不同的编码方式会生成不同质量的影片，最后产生的文件量也会有所不同。

调整大小：是否对画面进行缩放处理。

调整大小到：缩放的具体高宽尺寸，也可以从右侧的预置列表中选择。

调整大小%：设置缩放的高宽比。

调整大小后的品质：缩放质量选择。

锁定长宽比为：是否强制高宽比为特殊比例。

裁剪：是否裁切画面。

使用目标区域：仅采用"合成"面板中的"目标区域"工具 回 确定的画面区域。

顶部、左侧、底部、右侧：设置被裁切掉的像素尺寸。

◎ 音频设置区如图 11-13 所示

图 11-13

自动音频输出：是否输出音频信息。

格式选项：选择音频的编码方式，也就是用什么压缩方式压缩音频信息。

音频质量设置：包括赫兹、比特、立体声或单声道设置。

11.1.4 渲染设置和输出预置

虽然 After Effects 提供了众多的"渲染设置"和"输出"预置，不过还是不能满足更多的个性化需求。用户可以将常用的设置存储为自定义的预置，以后进行输出操作时，不需要一遍遍地反复设置，只需要单击 ▼ 按钮，在弹出的下拉列表中选择即可。

使用"渲染设置模板"对话框和"输出模块模板"的对话框，分别如图 11-14 和图 11-15 所示，可以选择预设的"渲染设置"和"输出模块"的设置，调出对话框的方法是执行"编辑 > 模板 > 渲染设置"命令和"编辑 > 模板 > 输出模块"命令。

图 11-14　　　　　　　　　　　　　　　　　　图 11-15

11.1.5　编码和解码问题

　　完全不压缩的视频和音频数据量是非常庞大的，因此在输出时需要通过特定的压缩技术对数据进行压缩处理，以减小最终的文件量，便于传输和存储。这样就产生了输出时，选择恰当的编码器，播放时，使用同样的解码器进行解压还原画面的过程。

　　目前视频流传输中最重要的编码标准有国际电联的 H.261、H.263，运动静止图像专家组的M-JPEG 和国际标准化组织运动图像专家组的 MPEG 系列标准，此外在互联网上广泛应用的编码标准还有 Real-Networks 的 RealVideo、微软公司的 WMT，以及 Apple 公司的 QuickTime 等。

　　目前的文件格式，对于.avi 微软视窗系统中的通用视频格式，现在流行的编码和解码方式有Xvid、MPEG-4、DivX、Microsoft DV 等；对于.mov 苹果公司的 QuickTime 视频格式，比较流行的编码和解码方式有 MPEG-4、H.263、Sorenson Video 等。

　　在输出时，最好选择普遍的编码器和文件格式，或者是目标客户平台共有的编码器和文件格式，否则，在其他播放环境中播放时，会因为缺少解码器或相应的播放器而无法看见视频或者听到声音。

11.2　输出

　　可以将设计制作好的视频以多种方式输出，如输出标准视频、输出合成项目中的某一帧等。下面介绍视频输出方式。

11.2.1　输出标准视频

步骤① 在"项目"面板中，选择需要输出的合成项目。

步骤② 执行"合成 > 添加到渲染队列"命令，或按 Ctrl+M 组合键，将合成项目添加到渲染队列中。

步骤③ 在"渲染队列"面板中设置渲染属性、输出格式和输出路径。

步骤④ 单击"渲染"按钮开始渲染运算，如图 11-16 所示。

图 11-16

步骤⑤ 如果需要将此合成项目渲染成多种格式或者多种解码，可以在步骤 3 之后，执行"图像合成 ＞ 添加输出组件"命令，添加输出格式和指定另一个输出文件的路径、名称，这样就可以方便地做到一次创建，任意发布。

11.2.2 输出合成项目中的某一帧

步骤① 在"时间轴"面板中，将当前时间标签移到目标帧。

步骤② 执行"合成 ＞ 帧另存为 ＞ 文件"命令，或按 Ctrl+Alt+S 组合键，将渲染任务添加到"渲染队列"中。

步骤③ 单击"渲染"按钮开始渲染运算。

步骤④ 另外，如果执行"合成 ＞ 帧另存为 ＞ Photoshop 图层"命令，则直接打开文件存储对话框，选择好路径和文件名即可完成单帧画面的输出。

12

第12章
综合设计实训

本章结合多个应用领域商业案例的实际应用，通过项目背景及要求和项目创意及制作，进一步详细地讲解了After Effects强大的应用功能和制作技巧。通过学习这些商业案例，读者可以快速掌握视频特效和软件的技术要点，设计制作出比较专业的案例。

课堂学习目标

- ✔ 广告制作
- ✔ 纪录片制作
- ✔ 电子相册制作
- ✔ 短片制作
- ✔ 片头制作
- ✔ 动态标志制作
- ✔ MG动画制作

12.1 广告制作——制作汽车广告

12.1.1 【项目背景及要求】

1. 客户名称

阿莱顿·马克。

2. 客户需求

阿莱顿·马克是一家跑车生产制作公司，以生产敞篷旅行车、赛车和限量跑车闻名。现推出新款"小火神 V7"系列跑车，需要制作宣传广告，要求突出跑车的性能及特点，展现品牌品质。

3. 设计要求

（1）以深色调为背景颜色来承托主体。

（2）简洁明确，能表现宣传主题。

（3）设计风格具有特色，时尚新潮。

（4）设计形式多样，在细节的处理上要求细致独特。

（5）设计规格均为 1280 像素（宽）×720 像素（高），像素纵横比为方形像素，帧频率为 25 帧/秒。

12.1.2 【项目创意及制作】

1. 设计素材

图片素材所在位置：云盘中的"Ch12 > 制作汽车广告 > (Footage) > 01.jpg，0.2.png~13.png，14.mp3"。

2. 设计作品

设计作品效果所在位置：云盘中的"Ch12 > 制作汽车广告 > 制作汽车广告.eap"，如图 12-1 所示。

图 12-1

12.2 纪录片制作——制作城市夜生活纪录片

12.2.1 【项目背景及要求】

1. 客户名称

澄石生活网。

2．客户需求

澄石生活网是一个生活信息综合平台，为人们提供餐饮、购物、娱乐、健身、医院、银行等生活信息的一站式查询服务。现在需要为"都市夜景"栏目设计纪录片，要体现出城市的夜晚车水马龙的氛围，让观众了解都市热闹非凡的夜生活。

3．设计要求

（1）画面突出宣传主体，能表现出纪录片的特色。

（2）画面色彩要对比强烈，能吸引人们的视线。

（3）设计风格统一，有连续性，能直观地表现宣传主题。

（4）设计规格均为 1280 像素（宽）×720 像素（高），像素纵横比为方形像素，帧频率为 25 帧/秒。

12.2.2 【项目创意及制作】

1．设计素材

图片素材所在位置：云盘中的"Ch12 > 制作城市夜生活纪录片 > (Footage) > 01.mov，02.mp4，03.jpg，04.aep"。

2．设计作品

设计作品效果所在位置：云盘中的"Ch12 > 制作城市夜生活纪录片 > 制作城市夜生活纪录片.eap"，如图 12-2 所示。

图 12-2

12.3　电子相册制作——制作草原美景相册

12.3.1 【项目背景及要求】

1．客户名称

卡嘻摄影工作室。

2．客户需求

卡嘻摄影工作室在摄影行业比较有实力，工作室运用艺术家的眼光捕捉独特瞬间，使照片的艺术性和个性得到充分的体现。现需要制作草原美景相册，要求突出表现大草原独特的人文风光。

3．设计要求

（1）相册要具有极强的表现力。

（2）使用颜色和效果烘托出人物特有的个性。

（3）富有创意，体现出多彩的草原生活。

（4）设计规格均为 1280 像素（宽）×720 像素（高），像素纵横比为方形像素，帧频率为 25 帧/秒。

12.3.2 【项目创意及制作】

1. 设计素材

图片素材所在位置：云盘中的"Ch12 > 制作草原美景相册 >（Footage）> 01.jpg，02.png~04.png"。

2. 设计作品

设计作品效果所在位置：云盘中的"Ch12 > 制作草原美景相册 > 制作草原美景相册.eap"，如图 12-3 所示。

图 12-3

12.4 短片制作——制作体育运动短片

12.4.1 【项目背景及要求】

1. 客户名称

时尚生活电视台。

2. 客户需求

时尚生活电视台是全方位介绍衣、食、住、行等资讯的时尚生活类电视台。现在要求制作体育运动短片，要体现出丰富多彩的体育生活。

3. 设计要求

（1）以体育竞技画面为主体，体现短片的主题。

（2）设计风格简洁大气，让人一目了然。

（3）颜色对比强烈，能直观地展示短片的性质。

（4）设计规格均为 1280 像素（宽）×720 像素（高），像素纵横比为 D1/DV PAL（1.09），帧频率为 25 帧/秒。

12.4.2　【项目创意及制作】

1．设计素材

图片素材所在位置：云盘中的"Ch12 > 制作体育运动短片 >（Footage）> 01.avi ~ 05.avi，06.mp3，07.jpg"。

2．设计作品

设计作品效果所在位置：云盘中的"Ch12 > 制作体育运动短片 > 制作体育运动短片.eap"，如图 12-4 所示。

扫码观看本案例
操作步骤

图 12-4

12.5　片头制作——制作科技片头

12.5.1　【项目背景及要求】

1．客户名称

《科学部落》节目组。

2．客户需求

《科学部落》是一档科技类节目，融汇科技资讯、传播科学知识，及时准确地报道科技要闻、科技新品，满足用户对不同类型资讯的需求。现要求为此节目制作片头，设计要求具有特色，能够体现节目的性质及特点。

3．设计要求

（1）内容突出，重点宣传此节目内容。

（2）画面色彩搭配适宜，设计新潮、充满活力的特点。

（3）整体设计对比感强烈，能迅速吸引人们的注意力。

（4）设计规格为 1280 像素（宽）×720 像素（高），像素纵横比为方形像素，帧频率为 25 帧/秒。

12.5.2　【项目创意及制作】

1．设计素材

图片素材所在位置：云盘中的"Ch12 > 制作科技片头 >（Footage）> 01.jpg，02.png ~ 06.png，

07.mp3"。

2. 设计作品

设计作品效果所在位置：云盘中的"Ch12 > 制作科技片头 > 制作科技片头.eap"，如图 12-5 所示。

图 12-5

12.6 动态标志制作——制作动漫影视公司动态标志

12.6.1 【项目背景及要求】

1. 客户名称

MQIWJ 有限公司。

2. 客户需求

MQIWJ 有限公司是一家刚刚成立的动漫影视公司，经营范围包括制作、发行动画片、专题片等节目。现需要制作公司标志，作为公司形象中的关键元素，标志设计要求具有特色，能够体现公司的性质及特点。

3. 设计要求

（1）以紫色和黄色作为标志设计的主体颜色，表现形式要层次分明，具有吸引力。

（2）标志设计能够体现公司富有活力、充满朝气的特点，具有较高的识别性。

（3）标志以公司名称为主体进行设计，通过对文字的处理使标志看起来美观、独特。

（4）表现公司特色，整体设计搭配合理，并且富有变化。

（5）设计规格为 1280 像素（宽）×720 像素（高），像素纵横比为方形像素，帧频率为 25 帧/秒。

12.6.2 【项目创意及制作】

1. 设计素材

图片素材所在位置：云盘中的"Ch12 > 制作动漫影视公司动态标志 > (Footage) > 01~06"。

2. 设计作品

设计作品效果所在位置：云盘中的"Ch12 > 制作动漫影视公司动态标志 > 制作动漫影视公司动态标志.eap"，如图 12-6 所示。

图 12-6

12.7   MG 动画制作——制作电器网 MG 动画

12.7.1   【项目背景及要求】

1. 客户名称

爱上生活电器网。

2. 客户需求

爱上生活是一家家用电器网络零售商，是在电子商务领域受消费者欢迎和具有影响力的家电商务网站之一，在线销售各类家用电器，包括电饭煲、养生壶、料理机、电烤箱、饮水机等。现需要为平台设计一款 MG 风格的宣传动画，要求体现网站产品丰富、种类齐全的特点。

3. 设计要求

（1）动画要具有极强的表现力。

（2）设计形式要简洁明晰，能表现宣传主题。

（3）设计风格具有特色，能够引起观者的共鸣和吸引其观看。

（4）设计规格均为 1280 像素（宽）×720 像素（高），像素纵横比为方形像素，帧频率为 25 帧/秒。

12.7.2   【项目创意及制作】

1. 设计素材

图片素材所在位置：云盘中的"Ch12 > 制作电器网 MG 动画 >（Footage）> 01.png ~ 10.png，11.mp3"。

2. 设计作品

设计作品效果所在位置：云盘中的"Ch12 > 制作电器网 MG 动画 > 制作电器网 MG 动画.eap"，如图 12-7 所示。

图 12-7